SOLUTIONS TO ADVANCED
NUMERICAL COMPUTING

现代数值计算
习题指导

第3版

同济大学数学科学学院 ◎ 编著

人民邮电出版社

北 京

图书在版编目（CIP）数据

现代数值计算习题指导 / 同济大学数学科学学院编
著. -- 3版. -- 北京：人民邮电出版社，2023.7
ISBN 978-7-115-61340-0

Ⅰ. ①现… Ⅱ. ①同… Ⅲ. ①数值计算－高等学校－
题解 Ⅳ. ①O241-44

中国国家版本馆CIP数据核字(2023)第044675号

内 容 提 要

本书是主教材《现代数值计算（第3版）》（ISBN 978-7-115-61511-4）的配套习题指导，是同济大学
数学科学学院老师集体智慧的结晶，覆盖主教材各章节内容，深入剖析原理方法. 本书内容包括主教材中
习题以及数值实验的解答，与主教材的各章对应. 本书习题题型广泛、内容丰富，并且给出了详细的习题
求解过程，可帮助读者启发思维、增强实践能力；对于数值实验，本书还给出了完整的 MATLAB 程序；
另外，本书最后提供了 3 套模拟考卷，并给出了模拟考卷答案，供读者参考.

本书可作为工科本科生和研究生数值计算课程的配套用书，也可作为相关教学人员的参考书.

◆ 编　著　同济大学数学科学学院
　　责任编辑　武恩玉
　　责任印制　李　东　胡　南

◆ 人民邮电出版社出版发行　　北京市丰台区成寿寺路 11 号
　　邮编　100164　电子邮件　315@ptpress.com.cn
　　网址　https://www.ptpress.com.cn
　　固安县铭成印刷有限公司印刷

◆ 开本：787×1092　1/16
　　印张：8.75　　　　　　　　　2023 年 7 月第 3 版
　　字数：205 千字　　　　　　　2025 年 10 月河北第 2 次印刷

定价：49.80 元

读者服务热线：(010)81055256　印装质量热线：(010)81055316
反盗版热线：(010)81055315

前　言

  数值计算是一门非常实用的课程, 而完成足够的习题是学习和深入理解课程内容的一个重要环节. 本书是该课程主教材《现代数值计算 (第 3 版)》的配套习题指导, 全书深入贯彻落实党的二十大精神, 旨在为各位读者提供参考答案, 同时, 本书也是主教材中例子的重要补充.

  本书给出了主教材中所附习题以及数值实验题的解答, 部分习题给出了多种参考答案. 数值计算的习题除了指定必须用某方法解答的情形外, 大部分题目可能存在多种求解或计算方法, 读者不必拘泥于本书所给出的解法. 数值实验的解答程序是按照主教材的方法给出的, 由于计算效率等问题, 编者并不保证该程序在一个真正的实际课题中能够使用, 读者可以参考数值计算更高级的教程. 本书中的名词和符号与主教材《现代数值计算 (第 3 版)》尽量一致, 参考答案中的题目编号和主教材习题中的习题编号一致.

  本书附有同济大学数值计算课程考卷若干份, 这些考卷可以作为读者检测自己知识掌握程度的模拟考卷, 同时本书附上这些考卷的简要答案.

  本书主要由陈雄达编写,《现代数值计算 (第 3 版)》的其他编者王玥、陈素琴、殷俊锋、徐承龙提供了部分题目的解法以及全书的一些修改意见. 本书的编写工作得到了同济大学数学科学学院数值计算课程其他授课老师的关心和指导, 以及人民邮电出版社的关心和支持, 谨在此一并致谢!

  由于编者水平有限, 书中若有不妥之处, 恳请广大读者批评指正.

编　者

2023 年 1 月

第 2 版前言

数值计算是一门非常实用的课程, 而完成足够的习题是学习和深入理解课程内容的一个重要环节. 本书是该课程教材《现代数值计算 (第 2 版)》的配套习题指导, 旨在为各位读者提供参考答案, 同时, 本书也是主教材中例子的重要补充.

本书给出了主教材中所附习题以及数值实验题的解答, 部分习题给出了多种参考答案. 数值计算的习题除了指定必须用某方法解答的情形外, 大部分题目可能存在多种求解或计算方法, 读者不必拘泥于本书所给出的解法. 数值实验的解答程序是按照主教材的方法给出的, 由于计算效率等问题, 编者并不保证该程序在一个真正的实际课题中能够使用, 读者可以参考数值计算更高级的教程. 本书中的名词和符号与主教材《现代数值计算 (第 2 版)》尽量一致. 参考答案中的题目编号和主教材习题中的习题编号一致.

本书附有同济大学数值计算课程考卷若干份, 可以作为读者检测自己知识掌握程度的一个参考, 同时本书提供这些考卷的简要答案.

本书主要由陈雄达编写, 王玲、陈素琴、殷俊锋、徐承龙提供了部分题目的解答以及全书的一些修改意见. 本书的编写工作得到了同济大学数学系数值计算课程其他授课老师的关心和指导, 以及人民邮电出版社的关心和支持, 谨在此一并致谢!

由于编者水平有限, 书中若有不妥之处, 恳请广大读者批评指正.

作 者

2014 年 2 月

第 1 版前言

数值计算是一门非常实用的课程, 而完成足够的习题是学习和深入理解课程内容的一个重要环节. 本书是该课程教材《现代数值计算》的配套习题指导, 旨在为各位读者提供参考答案, 同时, 本书也是主教材中例子的重要补充.

本书给出了主教材中所附习题以及数值实验题的解答, 部分习题给出了多种参考答案. 数值计算的习题除了指定必须用某方法解答的情形外, 大部分题目可能存在多种求解或计算方法, 读者不必拘泥于本书所给出的解法. 数值实验的解答程序是按照主教材的方法给出的, 由于计算效率等问题, 编者并不保证该程序在一个真正的实际课题中能够使用, 读者可以参考数值计算更高级的教程. 本书中的名词和符号与主教材《现代数值计算》尽量一致. 参考答案中的题目编号和主教材习题中的习题编号一致.

本书附有同济大学数值计算课程考卷若干份, 可以作为读者检测自己知识掌握程度的一个参考, 同时本书附上这些考卷的简要答案.

本书主要由陈雄达编写完成, 《现代数值计算》的其他编写作者王琤、陈素琴、殷俊锋、徐承龙提供了部分题目的解法以及全书的一些修改意见. 同济大学数学系的研究生尹亮和齐亚超参与了本习题解答的排版.

本书的编写工作得到了同济大学数学系数值计算课程其他授课老师的关心和指导, 以及人民邮电出版社的关心和支持, 谨在此一并致谢!

由于编者水平有限, 书中若有不妥之处, 恳请广大读者批评指正.

作 者
2009 年 8 月

目　　录

第 1 章　科学计算与 MATLAB

§1.1　习　题　一

1. 已知近似数 x^* 的相对误差限为 0.05%, 问它至少有几位有效数字?

   解: 设 x^* 的真值为 x, 根据相对误差限的定义, 有

$$\frac{|x - x^*|}{|x|} \leqslant 0.05\% = \frac{1}{2} \times 10^{-3}.$$

若 $x = a \times 10^p$, p 是整数, $1 \leqslant |a| < 10$, 则

$$|x - x^*| \leqslant \frac{1}{2}|a| \times 10^{p-3} \leqslant \frac{1}{2} \times 10^{p-2}.$$

因此容易知道近似数 x^* 至少有 3 位有效数字.

2. 说明当 N 足够大时, 应该如何计算 $\displaystyle\int_N^{N+1} \frac{1}{x^2+1} \mathrm{d}x$.

   解: 由于

$$\int_N^{N+1} \frac{1}{x^2+1} \mathrm{d}x = \arctan(N+1) - \arctan(N),$$

当 N 足够大时, $\arctan(N+1)$ 和 $\arctan(N)$ 过于接近, 两数相减误差太大, 特别当差别小于机器精度时, 两数相减为 0. 因此我们可以改变计算方式, 因为

$$\tan(\arctan(N+1) - \arctan(N)) = \frac{N+1-N}{1+(N+1)\cdot N} = \frac{1}{1+N+N^2},$$

所以可以用

$$\int_N^{N+1} \frac{1}{x^2+1} \mathrm{d}x = \arctan \frac{1}{1+N+N^2}$$

来计算.

3. 已知 $\sin 1° = 0.017\,5$, 求 $\cos 2°$.

   解: 由于

$$1 - \cos 2° = 2\sin^2 1°,$$

已知 $\sin 1° = 0.017\,5$, 所以可以算得 $1 - \cos 2° \approx 0.000\,612\,5$. 因此, $\cos 2° \approx 0.999\,387\,5$.

4. 假如你有一个 4 位数的平方根表, 如何计算方程 $x^2 + 100x - 1 = 0$ 的两个根?

解: 方程的两个根为

$$x_{1,2} = \frac{-100 \pm \sqrt{100^2 + 4}}{2} = -50 \pm \sqrt{50^2 + 1}.$$

则计算 x_1 会出现两个相近的数相减的情形, 但由韦达定理 $x_1 x_2 = -1$, 所以,

$$x_2 = -50 - \sqrt{2\,501} \approx -100.01, \quad x_1 = -\frac{1}{x_2} \approx 0.009\,999.$$

5. 利用余弦函数的泰勒展开, 计算 $\cos 1$ 的值, 保留 4 位有效数字.

解: 由泰勒展开

$$\cos x = 1 - \frac{x^2}{2!} + \frac{x^4}{4!} - \frac{x^6}{6!} + \frac{x^8}{8!} - \cdots,$$

因为当 $x = 1$ 时, $\dfrac{1}{8!} \approx 2.4 \times 10^{-5}$, 所以, $\cos 1 \approx 1 - \dfrac{1}{2} + \dfrac{1}{24} - \dfrac{1}{720} = \dfrac{389}{720} \approx 0.540\,3$, 具有 4 位有效数字.

6. 利用近似公式 $\sqrt{a^2 \pm b} \approx a \pm \dfrac{b}{2a}$, 计算 $\sqrt{7}$ 的值, 保留 4 位有效数字. 试着计算 $\sqrt[3]{7}$.

解: 令 $a = 3, b = -2$, 则

$$\sqrt{7} = \sqrt{3^2 - 2} \approx 3 - \frac{2}{3 \times 2} = \frac{8}{3} = 2.666\,666\cdots;$$

令 $a = \dfrac{8}{3}, b = -\dfrac{1}{3^2}$, 则

$$\sqrt{7} = \sqrt{\left(\frac{8}{3}\right)^2 - \frac{1}{9}} \approx \frac{8}{3} - \frac{1/9}{2 \times 8/3} = \frac{127}{48} = 2.645\,833\cdots;$$

令 $a = \dfrac{127}{48}, b = -\dfrac{1}{48^2}$, 则

$$\sqrt{7} = \sqrt{\left(\frac{127}{48}\right)^2 - \frac{1}{48^2}} \approx \frac{127}{48} - \frac{1/48^2}{2 \times \frac{127}{48}} = \frac{32\,257}{12\,192} = 2.645\,751\,312\,33\cdots.$$

其中, 第二个近似值和第三个近似值四舍五入到小数点后 3 位时都是 2.646. 因此 $\sqrt{7}$ 的具有 4 位有效数字的近似值是 2.646. 事实上, 最后一个小数具有 12 位有效数字, 近似数 2.645\,751\,312\,33.

　　求立方根的近似计算公式为: $\sqrt[3]{a^3 \pm b} \approx a \pm \dfrac{b}{3a^2}$. 使用类似的方法, 取初始值 $a = 2, b = -1$, 可得第一个近似值为 $\sqrt[3]{7} \approx \dfrac{23}{12}$, 第二个近似值为 $\sqrt[3]{7} \approx \dfrac{36\,430}{19\,044} \approx$ 1.912\,938\,458\,307\,08, 该数字具有 15 个有效数字.

7. (1) 计算 $a = (10 + \sqrt{99})^4$ 的整数部分; (2) 计算 $a = (10 + \sqrt{99})^4$, 保留 20 位有效数字.

解: (1) 记 $a = (10 + \sqrt{99})^4$, 并令 $b = (10 - \sqrt{99})^4$. 则 $0 < b < 1$, $ab = 1$. 因为

$$a + b = 2(10^4 + 6 \times 10^2 \times \sqrt{99}^2 + \sqrt{99}^4) = 158\,402.$$

所以, $158\,401 < a < 158\,402$. a 的整数部分为 $158\,401$.

(2) 此时, $b = \dfrac{1}{a}$,

$$6.313\,05\cdots \times 10^{-6} = \frac{1}{158\,402} < b < \frac{1}{158\,401} = 6.313\,09\cdots \times 10^{-6}.$$

因此, $a = 158\,402 - b = 158\,401.999\,993\,686\,9\cdots$.

因为 $6 \times 10^{-6} < b < 7 \times 10^{-6}$, 所以 $158\,401.999\,993 < a < 158\,401.999\,994$,

$$\frac{1}{158\,401.999\,994} < b = \frac{1}{a} < \frac{1}{158\,401.999\,993},$$

即

$$6.313\,051\,603\,122\,93 \times 10^{-6} < b < 6.313\,051\,603\,162\,78 \times 10^{-6}.$$

所以, $a = 158\,402 - b = 158\,401.999\,993\,686\,948\,396\,8\cdots$。$a$ 的具有 20 个有效数字的近似数为 $158\,401.999\,993\,686\,948\,40$.

如果用 MATLAB 符号计算的命令检验, vpa((10+sqrt(99))^4,100) 并不能得到正确的结果, 因为计算 $\sqrt{99}$ 时较大的误差已经产生, 需要使用命令:

```
>> vpa((10+vpa(sqrt(99),100))^4,100)
```

8. 试证对于 n 维向量 $\boldsymbol{x}$ 有如下关系式成立:

$$\|\boldsymbol{x}\|_\infty \leqslant \|\boldsymbol{x}\|_1 \leqslant n\|\boldsymbol{x}\|_\infty,$$

$$\|\boldsymbol{x}\|_\infty \leqslant \|\boldsymbol{x}\|_2 \leqslant \sqrt{n}\|\boldsymbol{x}\|_\infty,$$

$$\frac{1}{\sqrt{n}}\|\boldsymbol{x}\|_1 \leqslant \|\boldsymbol{x}\|_2 \leqslant \|\boldsymbol{x}\|_1.$$

证: 按照范数的计算公式,

$$\|\boldsymbol{x}\|_\infty = \max_{1 \leqslant i \leqslant n} |x_i| = |x_{i_0}|,$$

$$\|\boldsymbol{x}\|_1 = \sum_{i=1}^n |x_i|,$$

$$\|\boldsymbol{x}\|_2 = \sqrt{\sum_{i=1}^n |x_i|^2},$$

其中, i_0 是无穷范数取到最大值的指标.

首先有

$$\|\boldsymbol{x}\|_\infty = |x_{i_0}| \leqslant \|\boldsymbol{x}\|_1 \leqslant n|x_{i_0}| = n\|\boldsymbol{x}\|_\infty,$$

同理也有

$$\|\boldsymbol{x}\|_\infty^2 = |x_{i_0}|^2 \leqslant \|\boldsymbol{x}\|_2^2 \leqslant n|x_{i_0}|^2 = n\|\boldsymbol{x}\|_\infty^2,$$

两边开方有

$$\|\boldsymbol{x}\|_\infty \leqslant \|\boldsymbol{x}\|_2 \leqslant \sqrt{n}\|\boldsymbol{x}\|_\infty.$$

利用柯西不等式有

$$\|\boldsymbol{x}\|_1^2 = \left(\sum_{i=1}^n 1 \cdot |x_i|\right)^2 \leqslant n \cdot \sum_{i=1}^n |x_i|^2 = n\|\boldsymbol{x}\|_2^2,$$

两边开方即得

$$\frac{1}{\sqrt{n}}\|\boldsymbol{x}\|_1 \leqslant \|\boldsymbol{x}\|_2; \tag{1}$$

显然有

$$\sum_{i=1}^n |x_i|^2 \leqslant \left(\sum_{i=1}^n |x_i|\right)^2,$$

两边开方即得

$$\|\boldsymbol{x}\|_2 \leqslant \|\boldsymbol{x}\|_1. \tag{2}$$

式 (1) 和式 (2) 联立可得

$$\frac{1}{\sqrt{n}}\|\boldsymbol{x}\|_1 \leqslant \|\boldsymbol{x}\|_2 \leqslant \|\boldsymbol{x}\|_1.$$

§1.2　数值实验一

1. 给出简单的程序完成下列各小题: (1) 给出正整数 n 的十进制位数; (2) 给出正整数 n 的百位数; (3) 给出矩阵 $\boldsymbol{A}$ 的最小元素; (4) 判断一个向量是否所有元素相同.

解: 用 MATLAB 的取整函数floor和最小值函数min即可. 其中A(:)表示将矩阵 $\boldsymbol{A}$ 的所有元素排成一列. 各小题命令如下:

(1) >> floor(log10(n)) + 1

(2) >> mod(floor(n/100),10)

(3) >> min(A(:))

(4) >> all(a==a(1))

2. 用向量 $\boldsymbol{a} = (a_1, a_2, \cdots, a_n)^{\mathrm{T}}$ 代表映射 $f : i \to a_i$, $i = 1, 2, \cdots, n$. 若 $a_1, a_2, \cdots, a_n$ 是正整数 1 到 n 的重排, 称此映射为置换. 输入代表置换的向量 $\boldsymbol{a}$, 给出其逆置换.

解: 设向量 $\boldsymbol{b} = (b_1, b_2, \cdots, b_n)^{\mathrm{T}}$ 表示映射 f 的逆映射 $g : j \to b_j$, $j = 1, 2, \cdots, n$. 由于 f 与 g 的复合映射是恒等映射, 因此可以编写如下简单函数test12求逆映射 g.

```
function b = test12(a)
   n = length(a);
   for i = 1:n,
       b(a(i)) = i;
   end
```

$\boldsymbol{b}$ 即表示置换 $\boldsymbol{a}$ 的逆置换. 事实上, 可以采用如下更简单的方式:

```
>> b(a) = 1:length(a);
```

3. 利用 $\dfrac{\pi}{6} = \arctan \dfrac{\sqrt{3}}{3}$ 以及 $\arctan x$ 的泰勒展开, 计算圆周率的近似值.

解: $\arctan x$ 有如下的泰勒展开

$$\arctan x = \sum_{n=1}^{\infty} \frac{(-1)^{n-1}}{2n-1} x^{2n-1}.$$

编程如下:

```
function v = test13(ep)
    format long g;
    x = 1/sqrt(3);
    t = x;
    s = x;
    n = 1;
    while abs( 6*t/n ) > ep,
        n = n + 2;
        t = - t * x^2;
        s = s + t / n;
    end
    v = 6*s;
```

其中, ep是计算精度. 若精度为 10 位小数, 可作如下调用:

```
>> v = test13(1e-10)
v =
        3.1415926535714
```

4. 计算欧拉常数 $\gamma = \lim\limits_{n \to +\infty} \left(1 + \dfrac{1}{2} + \dfrac{1}{3} + \cdots + \dfrac{1}{n} - \ln n \right)$, 精确到 10 位小数.

解: 求级数

$$S(n) = 1 + \frac{1}{2} + \frac{1}{3} + \cdots + \frac{1}{n} - \ln n$$

的前后两项差的绝对值

$$|S(n-1) - S(n)| = \left| \ln \frac{n}{n-1} - \frac{1}{n} \right| \leqslant 10^{-11},$$

以其为终止条件来确定 n 的大小, 保证算得的欧拉常数有 10 位精确小数. 程序如下:

```
>> n = 2;
    gamma = 1 + 1/2;
    while abs( log(n/(n-1))-1/n ) > 1e-11,
        n    = n + 1;
```

```
        gamma = gamma + 1/n;
    end
    gamma = gamma - log(n)
```

算得的欧拉常数结果为：$\gamma = 0.577\ 217\ 900\ 955\ 967\cdots$，精确到 10 位小数为：$\gamma \approx$ 0.577 217 901 0.

5. 画出下面函数的图像：

$$f(x) = \begin{cases} 2 - x^2, & |x| \leqslant 1, \\ (x-2)^2, & 1 < x < 2, \\ (x+2)^2, & -2 < x < -1, \\ 0, & |x| \geqslant 2. \end{cases}$$

解： 先写好如下的 $f(x)$ 的函数文件，将其保存为 f.m.

```
function y = f(x)
    if abs(x) <= 1,
        y = 2 - x^2;
    elseif abs(x) <= 2,
        y = ( abs(x)-2 )^2;
    else
        y = 0;
    end
```

然后使用如下命令：

```
>> x = linspace(-4,4,200);
    for i=1:length(x),
        y(i) = f(x(i));
    end
    plot(x,y);
```

得到的 $f(x)$ 的图像如图 1-1 所示.

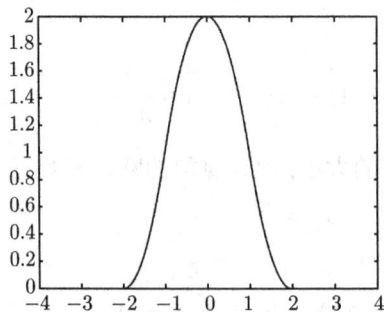

图 1-1

6. 输入一个对称矩阵 A, 对其作行列相同的调换, 使得 A 的对角元素按绝对值从大到小排列. 所谓行列相同的调换是指, 若对调了 i, j 两行, 则同时也要对调 i, j 两列.

解： 我们可以用如下的方式实现.

```
>> [u,v] = sort(-abs(diag(A)));
   A      = A(v,v);
```

其中 A 是给定的方阵. sort函数返回一个向量从小到大排序的结果及其排完序后的分量在原向量中的位置. 我们只需要根据这个位置就可以对 A 进行重新排序. 第二行的写法是 MATLAB 特有的, 这种写法意味着我们可以随意但有规律地调用 A 的行列生成新的矩阵. 当然, 我们也可以用简单排序法进行如下操作 (虽然并不推荐大家这么用).

```
n = size(A,1);
for  i = 1:n-1,
   for  j = i+1:n,
      if  abs(A(i,i)) < abs(A(j,j)),
         A(:,[i,j]) = A(:,[j,i]);
         A([i,j],:) = A([j,i],:);
      end
   end
end
```

其中, A 矩阵的行列交换仍旧与其他计算机语言中的不同: 这里我们不需要使用临时变量.

7. 计算一元多项式 $p(x) = a_0 + a_1 x + \cdots + a_n x^n$ 有如下的 Horner 方法:

$$
\begin{cases}
u_n = a_n, \\
u_k = u_{k+1} x + a_k, \quad k = n-1, \cdots, 1, 0, \\
p(x) = u_0.
\end{cases}
$$

试用 MATLAB 实现该方法.

解： 用 Horner 方法计算多项式的值能减少其计算量. MATLAB 程序如下：

```
function y = test17(a,x)
   y = a(end);
   for i = length(a)-1:-1:1,
      y = y*x + a(i);
   end
```

其中向量 $a = (a_0, a_1, \cdots, a_n)$ 是多项式 $p(x)$ 的系数向量, length是求向量长度的函数. 运行函数test17(a,x)即可算得多项式的值 y.

8. 在一个图形窗口中画出下面几个函数的图像: $f_1(x) = 1$, $f_2(x) = \dfrac{1}{x^2+1}$, $f_3(x) = \dfrac{\sin x}{\mathrm{e}^x + 1}$.

解: 用 hold on 命令依次画出 3 个函数的图像即可, 命令如下:

```
>> hold on;
   x = linspace(-10,10,200);
   plot(x,ones(length(x)),'g-');
   plot(x,1./(x.^2+1),'r:');
   plot(x,sin(x)./(exp(x)+1),'b-.');
```

也可以做如下操作, 使用一条画图命令画出所有函数的图像:

```
>> x  = linspace(-10,10,200);
   f1 = ones(length(x));
   f2 = 1./(x.^2+1);
   f3 = sin(x)./(exp(x)+1);
   plot(x,f3,'b-',x,f2,'r:',x,f1,'g-');
   axis([-10, 10, -1.5, 1.5])
   leqend('f3', 'f2', 'f1')
```

得到的图像如图 1-2 所示.

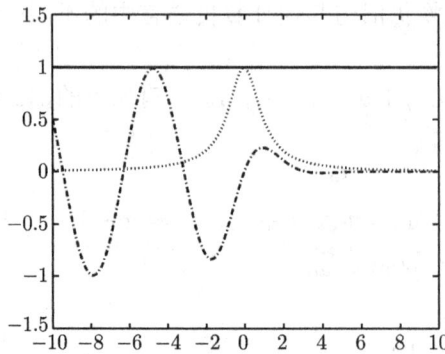

图 1-2

9. 输入 a, b, c 的值, 画出单叶双曲面 $\dfrac{x^2}{a^2} + \dfrac{y^2}{b^2} - \dfrac{z^2}{c^2} = 1$ 的图像.

解: 单叶双曲面的参数方程为

$$\begin{cases} x = a\sec\alpha\cos\theta, & \theta \in [0, 2\pi], \\ y = b\sec\alpha\sin\theta, & \alpha \in [-\pi/2, \pi/2], \\ z = c\tan\alpha. \end{cases}$$

编写程序如下:

```
function hyperboloid1(a,b,c)
% 单叶双曲面
    if nargin<3
        a = 1; b = 2; c = 3;
    end
    d = 0.2;
    theta = linspace(0,2*pi,200);
    alpha = linspace(-pi/2+d,pi/2-d,200);
    [T,A] = meshgrid(theta,alpha);
    X = a * sec(A) .* cos(T);
    Y = b * sec(A) .* sin(T);
    Z = c * tan(A);
    surf(X,Y,Z);
    shading interp;
    colormap(winter);
    axis('equal');
```

运行程序, 得到的图像如图 1-3 所示.

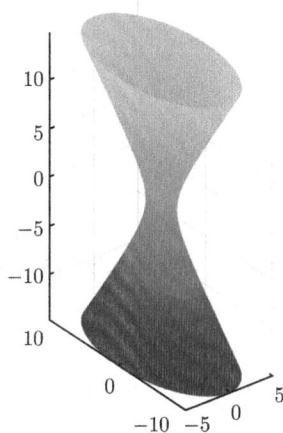

图 1-3

10. 一个向量 $\boldsymbol{x} = (x_1, x_2, \cdots, x_n)^{\mathrm{T}}$ 的欧几里得范数定义为

$$\|\boldsymbol{x}\| = \left(\sum_{i=1}^{n} x_i^2 \right)^{\frac{1}{2}}.$$

试写一个计算欧几里得范数的程序, 并说明如何避免上溢和下溢的.

解: 我们注意到, 范数可以递归调用

$$\left(\sum_{i=1}^{n}x_i^2\right)^{\frac{1}{2}} = \left(\left(\sqrt{\sum_{i=1}^{n-1}x_i^2}\right)^2 + x_n^2\right)^{\frac{1}{2}},$$

或按照 MATLAB 记号书写

$$\|\boldsymbol{x}\| = \left\|\left(\|\boldsymbol{x}(1:n-1)\|, \boldsymbol{x}(n)\right)\right\|,$$

所以只需要讨论对有两个分量的向量求范数的问题. 对于 $\boldsymbol{x} = (x_1, x_2)$, 可以先做规范化, 即除以一个常数使按模最大分量为 1. 不妨设其为 x_1, 我们可以求 $\left(1, \dfrac{x_2}{x_1}\right)$ 的范数再乘 $|x_1|$. (如果该向量非零, 则 x_1 非零.) 这个规范化过程可以有效避免上溢和下溢. 递归调用, 并编写如下程序:

```
function  s = nrmv(x)
  x = abs(x(x~=0));
  n = length(x);
  if  n==0,
      s = 0;
  elseif  n==1,
      s = abs(x);
  else
      scale = 0;
      ssq   = 1;
      for j = 1:n,
          if (scale<x(j)),
              ssq = 1 + ssq * (scale/x(j))^2;
              scale = x(j);
          else
              ssq = ssq + (x(j)/scale)^2;
          end
      end
      s = scale * sqrt(ssq);
  end
```

事实上, 这个程序是根据 BLAS 包中的dnrm2程序改写的, 该程序所用方法也是 MATLAB 求范数的程序的方法. 关于 BLAS 包或者dnrm2程序的更深入的介绍, 读者可以查阅netlib官方网站.

第 2 章　线性代数方程组的直接法

§2.1　习　题　二

1. 用高斯消元法求解下述线性代数方程组:

$$\begin{cases} 16x_1 - 12x_2 + 2x_3 + 4x_4 = 17, \\ 12x_1 - 8x_2 + 6x_3 + 10x_4 = 36, \\ 3x_1 - 13x_2 + 9x_3 + 23x_4 = -49, \\ -6x_1 + 14x_2 + x_3 - 28x_4 = -54. \end{cases}$$

解: 第 1 行分别乘 $m_{21} = -\dfrac{3}{4}$, $m_{31} = -\dfrac{3}{16}$, $m_{41} = \dfrac{3}{8}$ 加到第 2, 3, 4 行上有

$$\begin{cases} 16x_1 - 12x_2 + 2x_3 + 4x_4 = 17, \\ x_2 + 4.5x_3 + 7x_4 = 23.25, \\ -10.75x_2 + 8.625x_3 + 22.25x_4 = -52.187\ 5, \\ 9.5x_2 + 1.75x_3 - 26.5x_4 = -47.625. \end{cases}$$

第 2 行分别乘 $m_{32} = 10.75$, $m_{42} = -9.5$ 加到第 3, 4 行上有

$$\begin{cases} 16x_1 - 12x_2 + 2x_3 + 4x_4 = 17, \\ x_2 + 4.5x_3 + 7x_4 = 23.25, \\ 57x_3 + 97.5x_4 = 197.75, \\ -41x_3 - 93x_4 = -268.5. \end{cases}$$

第 3 行乘 $m_{43} = 41/57 \approx 0.719\ 3$ 加到第 4 行上有

$$\begin{cases} 16x_1 - 12x_2 + 2x_3 + 4x_4 = 17, \\ x_2 + 4.5x_3 + 7x_4 = 23.25, \\ 57x_3 + 97.5x_4 = 197.75, \\ -22.868\ 4x_4 = -126.258\ 8. \end{cases}$$

回代求得解为 $x_4 = 5.521\ 1$, $x_3 = -5.974\ 7$, $x_2 = 11.488\ 4$, $x_1 = 9.045\ 4$.

2. 用列主元高斯消元法求解下述线性代数方程组:

$$\begin{cases} x_1 + 13x_2 - 2x_3 - 34x_4 = 13, \\ 2x_1 + 6x_2 - 7x_3 - 10x_4 = -22, \\ -10x_1 - x_2 + 5x_3 + 9x_4 = 14, \\ -3x_1 - 5x_2 + 15x_4 = -36. \end{cases}$$

解: 列主元高斯消元过程如下. 首先第 1 列上主元为 −10, 对调第 1 行和第 3 行, 并消去第 1 列其他元素, 有

$$\begin{cases} -10x_1 - \quad x_2 + \quad 5x_3 + \quad\quad 9x_4 = 14, \\ \quad\quad\quad + \ 5.8x_2 - \quad 6x_3 - \quad 8.2x_4 = -19.2, \\ \quad\quad\quad + 12.9x_2 - 1.5x_3 - 33.1x_4 = 14.4, \\ \quad\quad\quad - \ 4.7x_2 - 1.5x_3 + 12.3x_4 = -40.2. \end{cases}$$

第 2 列主元在第 3 行, 对调第 2 行和第 3 行, 并消去第 2 列上的其他元素有

$$\begin{cases} -10x_1 - \quad x_2 + \quad\quad 5x_3 + \quad\quad 9x_4 = 14, \\ \quad\quad 12.9x_2 - \quad\quad 1.5x_3 - \quad\quad 33.1x_4 = 14.4, \\ \quad\quad\quad\quad - \ 5.325\ 6x_3 + 6.682\ 2x_4 = -25.674\ 4, \\ \quad\quad\quad\quad - \ 2.046\ 5x_3 + 0.240\ 3x_4 = -34.953\ 5. \end{cases}$$

第 3 列主元在第 3 行, 不用调换行, 直接消元有

$$\begin{cases} -10x_1 - \quad x_2 + \quad\quad 5x_3 + \quad\quad 9x_4 = 14, \\ \quad\quad 12.9x_2 - \quad\quad 1.5x_3 - \quad\quad 33.1x_4 = 14.4, \\ \quad\quad\quad\quad - \ 5.325\ 6x_3 + 6.682\ 2x_4 = -25.674\ 4, \\ \quad\quad\quad\quad\quad\quad - \ 2.327\ 5x_4 = -25.087\ 3. \end{cases}$$

代回求解, 最后可得解向量为 $\boldsymbol{x} = (14.382\ 7, 30.906\ 2, 18.345\ 2, 10.778\ 6)^{\mathrm{T}}$.

3. 用矩阵 $\boldsymbol{A}$ 的杜利脱尔分解 $\boldsymbol{A} = \boldsymbol{LU}$, 求解方程组:

$$\begin{pmatrix} 15 & 7 & 0 & 10 \\ 6 & 18 & 15 & 9 \\ 0 & 10 & 28 & 7 \\ 5 & 0 & 6 & 35 \end{pmatrix} \begin{pmatrix} x_1 \\ x_2 \\ x_3 \\ x_4 \end{pmatrix} = \begin{pmatrix} 8 \\ 6 \\ 4 \\ 2 \end{pmatrix}.$$

解: $\boldsymbol{A} = \boldsymbol{LU}$, 按照杜利脱尔分解算法可得

$$\boldsymbol{L} = \begin{pmatrix} 1 & & & \\ 0.4 & 1 & & \\ 0 & 0.657\ 9 & 1 & \\ 0.333\ 3 & -0.153\ 5 & 0.457\ 9 & 1 \end{pmatrix}, \quad \boldsymbol{U} = \begin{pmatrix} 15 & 7 & 0 & 10 \\ & 15.2 & 15 & 5 \\ & & 18.131\ 6 & 3.710\ 5 \\ & & & 30.735\ 1 \end{pmatrix}.$$

求解 $\boldsymbol{Ly} = \boldsymbol{b}$, $\boldsymbol{b}$ 为右端项, 可得 $\boldsymbol{y} = (8, 2.8, 2.157\ 9, -1.225\ 0)^{\mathrm{T}}$. 求解 $\boldsymbol{Ux} = \boldsymbol{y}$, 最后可得解向量 $\boldsymbol{x} = (0.526\ 4, 0.071\ 8, 0.127\ 2, -0.039\ 9)^{\mathrm{T}}$.

4. 用乔列斯基分解计算下述线性代数方程组:

$$\begin{pmatrix} 4 & -1 & & \\ -1 & 4 & -1 & \\ & -1 & 4 & -1 \\ & & -1 & 4 \end{pmatrix} \begin{pmatrix} x_1 \\ x_2 \\ x_3 \\ x_4 \end{pmatrix} = \begin{pmatrix} 2 \\ 4 \\ 11 \\ -7 \end{pmatrix}.$$

解: $A = LL^T$, 利用乔列斯基分解算法可得

$$L = \begin{pmatrix} 2 & & & \\ -0.5 & 1.936\ 5 & & \\ & -0.516\ 4 & 1.932\ 2 & \\ & & -0.517\ 5 & 1.931\ 9 \end{pmatrix}.$$

做两个回代计算, 即 $Ly = b$ 和 $L^T x = y$, 最后可得

$$y = (1.000\ 0, 2.323\ 8, 6.314\ 7, -1.931\ 9)^T,$$
$$x = (1.000\ 0, 2.000\ 0, 3.000\ 0, -1.000\ 0)^T.$$

5. 用乔列斯基分解计算下述线性代数方程组:

$$\begin{pmatrix} 4 & -1 & & & \\ -1 & 4 & -1 & & \\ & -1 & 4 & -1 & \\ & & -1 & 4 & -1 \\ & & & -1 & 4 \end{pmatrix} \begin{pmatrix} x_1 \\ x_2 \\ x_3 \\ x_4 \\ x_5 \end{pmatrix} = \begin{pmatrix} 5 \\ 8 \\ 16 \\ 24 \\ 36 \end{pmatrix}.$$

解: $A = LL^T$, 利用乔列斯基分解算法可得

$$L = \begin{pmatrix} 2 & & & & \\ -0.5 & 1.936\ 5 & & & \\ & -0.516\ 4 & 1.932\ 2 & & \\ & & -0.517\ 5 & 1.931\ 9 & \\ & & & -0.517\ 6 & 1.931\ 9 \end{pmatrix}.$$

做两个回代计算, 即 $Ly = b$ 和 $L^T x = y$, 最后可得

$$y = (2.500\ 0, 4.776\ 7, 9.557\ 4, 14.983\ 6, 22.649\ 7)^T,$$
$$x = (2.391\ 0, 4.564\ 1, 7.865\ 4, 10.897\ 4, 11.724\ 4)^T.$$

6. 用追赶法求解下述线性代数方程组

$$\begin{pmatrix} 12 & 1 & & & \\ 1 & 12 & 1 & & \\ & 1 & 12 & 1 & \\ & & 1 & 12 & 1 \\ & & & 1 & 12 \end{pmatrix} \begin{pmatrix} x_1 \\ x_2 \\ x_3 \\ x_4 \\ x_5 \end{pmatrix} = \begin{pmatrix} 11 \\ 10 \\ 10 \\ 10 \\ 11 \end{pmatrix}.$$

解: 按照主教材算法 2.2.4, 设

$$\begin{pmatrix} 12 & 1 & & & \\ 1 & 12 & 1 & & \\ & 1 & 12 & 1 & \\ & & 1 & 12 & 1 \\ & & & 1 & 12 \end{pmatrix} = \begin{pmatrix} l_1 & & & & \\ 1 & l_2 & & & \\ & 1 & l_3 & & \\ & & 1 & l_4 & \\ & & & 1 & l_5 \end{pmatrix} \begin{pmatrix} 1 & u_1 & & & \\ & 1 & u_2 & & \\ & & 1 & u_3 & \\ & & & 1 & u_4 \\ & & & & 1 \end{pmatrix} = LU,$$

且 $\boldsymbol{d} = (11, 10, 10, 10, 11)^{\mathrm{T}}$. 记 $\boldsymbol{y}$ 是 $\boldsymbol{Ly} = \boldsymbol{d}$ 的解, 则原方程 $\boldsymbol{x}$ 是 $\boldsymbol{Ux} = \boldsymbol{y}$ 的解.

追的过程为:

$$l_1 = b_1 = 12, \qquad\qquad y_1 = d_1/l_1 = 0.916\ 7, \qquad\qquad u_1 = c_1/l_1 = 0.083\ 3;$$
$$l_2 = b_2 - a_2 u_1 = 11.916\ 7, \quad y_2 = (d_2 - a_2 y_1)/l_2 = 0.762\ 2, \quad u_2 = c_2/l_2 = 0.083\ 9;$$
$$l_3 = b_3 - a_3 u_2 = 11.916\ 1, \quad y_3 = (d_3 - a_3 y_2)/l_3 = 0.775\ 2, \quad u_3 = c_3/l_3 = 0.083\ 9;$$
$$l_4 = b_4 - a_4 u_3 = 11.916\ 1, \quad y_4 = (d_4 - a_4 y_3)/l_4 = 0.774\ 1, \quad u_4 = c_4/l_4 = 0.083\ 9;$$
$$l_5 = b_5 - a_5 u_4 = 11.916\ 1, \quad y_5 = (d_5 - a_5 y_4)/l_5 = 0.858\ 2.$$

赶的过程为:

$$x_5 = y_5 = 0.858\ 2,$$
$$x_4 = y_4 - u_4 x_5 = 0.702\ 1,$$
$$x_3 = y_3 - u_3 x_4 = 0.716\ 3,$$
$$x_2 = y_2 - u_2 x_3 = 0.702\ 1,$$
$$x_1 = y_1 - u_1 x_2 = 0.858\ 2.$$

最后可得解向量为 $\boldsymbol{x} = (0.858\ 2, 0.702\ 1, 0.716\ 3, 0.702\ 1, 0.858\ 2)^{\mathrm{T}}$.

7. 给出对称正定的三对角矩阵 $\boldsymbol{A}$ 的乔列斯基分解的计算格式, 其中

$$\begin{pmatrix} \alpha_1 & \beta_1 & & & & \\ \beta_1 & \alpha_2 & \beta_2 & & & \\ & \beta_2 & \alpha_3 & \beta_3 & & \\ & & \ddots & \ddots & \ddots & \\ & & & \beta_{n-2} & \alpha_{n-1} & \beta_{n-1} \\ & & & & \beta_{n-1} & \alpha_n \end{pmatrix}.$$

解: 乔列斯基分解为: $\boldsymbol{A} = \boldsymbol{L}\boldsymbol{L}^{\mathrm{T}}$. 由于 $\boldsymbol{A}$ 是三对角矩阵, 利用矩阵的乘法规则, 可得 $\boldsymbol{L}$ 是下述只有两条对角线的下三角形矩阵:

$$\boldsymbol{L} = \begin{pmatrix} \theta_1 & & & & \\ \gamma_1 & \theta_2 & & & \\ & \gamma_2 & \theta_3 & & \\ & & \ddots & \ddots & \\ & & & \gamma_{n-1} & \theta_n \end{pmatrix}.$$

按照矩阵的乘法规则, 可得:

$$\theta_1 = \sqrt{\alpha_1};$$
$$\gamma_1 = \beta_1/\theta_1, \qquad \theta_2 = \sqrt{\alpha_2 - \gamma_1^2};$$
$$\gamma_2 = \beta_2/\theta_2, \qquad \theta_3 = \sqrt{\alpha_3 - \gamma_2^2};$$
$$\vdots \qquad\qquad\qquad \vdots$$
$$\gamma_{n-1} = \beta_{n-1}/\theta_{n-1}, \quad \theta_n = \sqrt{\alpha_n - \gamma_{n-1}^2}.$$

因此计算格式可写成:

(1) $\theta_1 = \sqrt{\alpha_1}$;

(2) 对 $i = 1, 2, \cdots, n-1$, 计算

$$
\begin{cases}
\gamma_i & = & \beta_i / \theta_i, \\
\theta_{i+1} & = & \sqrt{\alpha_{i+1} - \gamma_i^2}.
\end{cases}
$$

8. 求分块矩阵

$$
\mathcal{A} = \begin{pmatrix} A & B \\ C & D \end{pmatrix}
$$

的一个分块三角分解, 其中

$$
A = \begin{pmatrix} 6 & 2 \\ 3 & 5 \end{pmatrix}, \quad B = \begin{pmatrix} 3 & 1 \\ 0 & 6 \end{pmatrix}, \quad C = \begin{pmatrix} 4 & 0 \\ 0 & 4 \end{pmatrix}, \quad D = \begin{pmatrix} 9 & 5 \\ 7 & 4 \end{pmatrix}.
$$

解: 令

$$
\mathcal{A} = \mathcal{L}\mathcal{U} = \begin{pmatrix} I & O \\ E & I \end{pmatrix} \begin{pmatrix} A & B \\ O & S \end{pmatrix}.
$$

我们有

$$
A^{-1} = \frac{1}{24} \begin{pmatrix} 5 & -2 \\ -3 & 6 \end{pmatrix},
$$

所以

$$
E = CA^{-1} = \frac{1}{6} \begin{pmatrix} 5 & -2 \\ -3 & 6 \end{pmatrix},
$$

$$
S = D - CA^{-1}B = \begin{pmatrix} 9 & 5 \\ 7 & 4 \end{pmatrix} - \frac{1}{6} \begin{pmatrix} 5 & -2 \\ -3 & 6 \end{pmatrix} \begin{pmatrix} 3 & 1 \\ 0 & 6 \end{pmatrix} = \frac{1}{6} \begin{pmatrix} 39 & 37 \\ 51 & -9 \end{pmatrix}.
$$

9. 描述用吉文斯变换把上海森伯格矩阵

$$
A = \begin{pmatrix}
a_{11} & a_{12} & \cdots & & a_{1n} \\
a_{21} & a_{22} & \cdots & & a_{2n} \\
& a_{32} & a_{33} & \cdots & a_{3n} \\
& & \ddots & \ddots & \vdots \\
& & & a_{n,n-1} & a_{nn}
\end{pmatrix}
$$

化为上三角形矩阵的计算过程.

解: 仿照主教材中的例 2.3.1, 我们有如下的算法:

对 $i = 1, 2, \cdots, n-1$, 实行操作

$$
\cos\theta = \frac{a_{ii}}{\sqrt{a_{ii}^2 + a_{i+1,i}^2}},
$$

$$\sin\theta = \frac{a_{i+1,i}}{\sqrt{a_{ii}^2 + a_{i+1,i}^2}},$$

$$\boldsymbol{A} = \boldsymbol{G}(i, i+1, \theta)\boldsymbol{A}.$$

注意到, 第三步的操作实际上只有矩阵 $\boldsymbol{A}$ 的第 i 行和第 $i+1$ 行需要计算.

10. 已知 $\boldsymbol{x} = (4, 2, 5, -2)^{\mathrm{T}}$, 求豪斯霍尔德矩阵 $\boldsymbol{P}$, 使得 $\boldsymbol{Px} = -7\boldsymbol{e}_1$, 其中 $\|\boldsymbol{x}\|_2 = 7$.

解: 因为

$$\boldsymbol{u} = \boldsymbol{x} + \mathrm{sign}(x_1)\|\boldsymbol{x}\|_2\boldsymbol{e}_1 = (4, 2, 5, -2)^{\mathrm{T}} + 7(1, 0, 0, 0)^{\mathrm{T}} = (11, 2, 5, -2)^{\mathrm{T}},$$

所以

$$\boldsymbol{P} = \boldsymbol{I} - 2\frac{\boldsymbol{u}\boldsymbol{u}^{\mathrm{T}}}{\|\boldsymbol{u}\|^2} = \boldsymbol{I} - \frac{2}{154}\begin{pmatrix} 121 & 22 & 55 & -22 \\ 22 & 4 & 10 & -4 \\ 55 & 10 & 25 & -10 \\ -22 & -4 & -10 & 4 \end{pmatrix}.$$

这样,

$$\boldsymbol{Px} = \boldsymbol{x} - 2\frac{\boldsymbol{u}^{\mathrm{T}}\boldsymbol{x}}{\|\boldsymbol{u}\|^2}\boldsymbol{u} = \begin{pmatrix} 4 \\ 2 \\ 5 \\ -2 \end{pmatrix} - 2 \times \frac{77}{154}\begin{pmatrix} 11 \\ 2 \\ 5 \\ -2 \end{pmatrix} = -7\boldsymbol{e}_1.$$

§2.2　数值实验二

1. 写出用追赶法求解下述线性代数方程组的程序, 其中 $n = 101$,

$$\begin{pmatrix} 12 & 1 & 0 & \cdots & 0 \\ 1 & 12 & 1 & \cdots & 0 \\ 0 & 1 & 12 & \ddots & \vdots \\ \vdots & \vdots & \ddots & \ddots & 1 \\ 0 & 0 & \cdots & 1 & 12 \end{pmatrix}\begin{pmatrix} x_1 \\ x_2 \\ x_3 \\ \vdots \\ x_n \end{pmatrix} = \begin{pmatrix} 11 \\ 10 \\ 10 \\ \vdots \\ 11 \end{pmatrix}.$$

解: 我们直接写出求解下述一般三对角稀疏矩阵线性代数方程组

$$\boldsymbol{Ax} = \begin{pmatrix} b_1 & c_1 & & & \\ a_1 & b_2 & c_2 & & \\ & \ddots & \ddots & \ddots & \\ & & a_{n-2} & b_{n-1} & c_{n-1} \\ & & & a_{n-1} & b_n \end{pmatrix}\begin{pmatrix} x_1 \\ x_2 \\ \vdots \\ x_{n-1} \\ x_n \end{pmatrix} = \begin{pmatrix} d_1 \\ d_2 \\ \vdots \\ d_{n-1} \\ d_n \end{pmatrix}$$

的追赶法程序, 如下:

```
function x = tridiagsolver(a,b,c,d)
    n = length(b);
    l(1) = b(1);
    y(1) = d(1) / l(1);
    u(1) = c(1) / l(1);
    for i = 2:n-1,
        l(i) = b(i) - a(i)*u(i-1);
        y(i) = ( d(i) - y(i-1)*a(i) ) / l(i);
        u(i) = c(i) / l(i);
    end
    l(n) = b(n) - a(n)*u(n-1);
    y(n) = (d(n) - y(n-1)*a(n)) / l(n);
    x(n) = y(n);
    for i = n-1:-1:1,
        x(i) = y(i) - u(i) * x(i+1);
    end
```

其中 $\boldsymbol{a} = (a_1, \cdots, a_{n-1})$, $\boldsymbol{b} = (b_1, \cdots, b_n)$, $\boldsymbol{c} = (c_1, \cdots, c_{n-1})$, $\boldsymbol{d} = (d_1, \cdots, d_n)$. 注意: 这里向量 $\boldsymbol{a}$ 下标是从 1 开始的, 与主教材里的算法 2.2.4 略有差异, 但更方便的程序编写方式是使用如下命令即可得到方程组的解:

```
>> n = 101;
>> tridiagsolver(ones(1,n-1),12*ones(1,n),ones(1,n-1),
   [11,10*ones(1,n-2),11])

ans =
  Columns 1 through 10
  0.8581  0.7022  0.7153  0.7142  0.7143  0.7143  0.7143  0.7143  0.7143  0.7143
  Columns 11 through 20
  0.7143  0.7143  0.7143  0.7143  0.7143  0.7143  0.7143  0.7143  0.7143  0.7143
  Columns 21 through 30
  0.7143  0.7143  0.7143  0.7143  0.7143  0.7143  0.7143  0.7143  0.7143  0.7143
  Columns 31 through 40
  0.7143  0.7143  0.7143  0.7143  0.7143  0.7143  0.7143  0.7143  0.7143  0.7143
  Columns 41 through 50
  0.7143  0.7143  0.7143  0.7143  0.7143  0.7143  0.7143  0.7143  0.7143  0.7143
  Columns 51 through 60
  0.7143  0.7143  0.7143  0.7143  0.7143  0.7143  0.7143  0.7143  0.7143  0.7143
  Columns 61 through 70
  0.7143  0.7143  0.7143  0.7143  0.7143  0.7143  0.7143  0.7143  0.7143  0.7143
  Columns 71 through 80
  0.7143  0.7143  0.7143  0.7143  0.7143  0.7143  0.7143  0.7143  0.7143  0.7143
  Columns 81 through 90
```

```
0.7143   0.7143   0.7143   0.7143   0.7143   0.7143   0.7143   0.7143   0.7143   0.7143
Columns 91 through 100
0.7143   0.7143   0.7143   0.7143   0.7143   0.7143   0.7143   0.7142   0.7153   0.7022
Column 101
0.8581
```

2. 写出用吉文斯变换把上海森伯格矩阵

$$A = \begin{pmatrix} 15 & 4 & 7 & 0 & 6 \\ 12 & 3 & 0 & 24 & 9 \\ & 24 & 81 & 39 & 40 \\ & & 32 & 21 & 33 \\ & & & 15 & 17 \end{pmatrix}$$

化为上三角形矩阵的程序.

解: 编写一般上海森伯格矩阵的吉文斯变换程序如下:

```
function A = guh(A)
% 上海森伯格矩阵的吉文斯变换
    n = size(A,1);
    for k = 1:n-1,
        t = norm( A([k,k+1],k) );
        c = A(k,k) / t;
        s = A(k+1,k) / t;
        G = [ c s ; -s c ];
        A([k,k+1],k:n) = G * A([k,k+1],k:n);
    end
```

在命令行上使用如下命令, 就可得到该问题的结果:

```
>> A = [15 4 7 0 6; 12 3 0 24 9; 0 24 81 39 40; 0 0 32 21 33; 0 0 0 15 17];
>> A = guh(A)
A =
    19.2094     4.9976     5.4661    14.9927    10.3075
         0    24.0005    81.0267    38.8772    39.9778
         0    -0.0000    32.2303    18.5836    32.3419
         0         0         0    26.1042    15.8675
         0         0         0         0     9.6310
```

第 3 章　线性代数方程组的迭代法

§3.1　习　题　三

1. 用迭代法求解下述线性代数方程组:

$$\begin{cases} 20x_1 + 4x_2 + 6x_3 = 10, \\ 4x_1 + 20x_2 + 8x_3 = -24, \\ 6x_1 + 8x_2 + 20x_3 = -22. \end{cases}$$

(1) 分别写出雅可比迭代法、GS 迭代法、SOR 迭代法 (取 $\omega = 1.35$) 的迭代格式;

(2) 判断上述 3 个迭代格式的收敛性, 并说明理由;

(3) 用收敛的迭代格式分别计算方程组的解, 要求满足

$$\|\boldsymbol{x}^{(k+1)} - \boldsymbol{x}^{(k)}\|_\infty < \frac{1}{2} \times 10^{-4}.$$

解: (1) 雅可比迭代格式:

$$\begin{cases} x_1^{(k+1)} = \dfrac{1}{20}(10 - 4x_2^{(k)} - 6x_3^{(k)}), \\[2mm] x_2^{(k+1)} = \dfrac{1}{20}(-24 - 4x_1^{(k)} - 8x_3^{(k)}), \\[2mm] x_3^{(k+1)} = \dfrac{1}{20}(-22 - 6x_1^{(k)} - 8x_2^{(k)}). \end{cases}$$

GS 迭代格式:

$$\begin{cases} x_1^{(k+1)} = \dfrac{1}{20}(10 - 4x_2^{(k)} - 6x_3^{(k)}), \\[2mm] x_2^{(k+1)} = \dfrac{1}{20}(-24 - 4x_1^{(k+1)} - 8x_3^{(k)}), \\[2mm] x_3^{(k+1)} = \dfrac{1}{20}(-22 - 6x_1^{(k+1)} - 8x_2^{(k+1)}). \end{cases}$$

SOR 迭代格式:

$$\begin{cases} x_1^{(k+1)} = x_1^{(k)} + \dfrac{1.35}{20}(10 - 20x_1^{(k)} - 4x_2^{(k)} - 6x_3^{(k)}), \\[2mm] x_2^{(k+1)} = x_2^{(k)} + \dfrac{1.35}{20}(-24 - 4x_1^{(k+1)} - 20x_2^{(k)} - 8x_3^{(k)}), \\[2mm] x_3^{(k+1)} = x_3^{(k)} + \dfrac{1.35}{20}(-22 - 6x_1^{(k+1)} - 8x_2^{(k+1)} - 20x_3^{(k)}). \end{cases}$$

(2) 由于系数矩阵 $\boldsymbol{A}$ 是严格对角占优的, 因此雅可比迭代格式和 GS 迭代格式都收敛. 又由于系数矩阵 $\boldsymbol{A}$ 是对称的, 且各阶顺序主子式分别为 $D_1 = 20$, $D_2 = 384$, $D_3 = 6\,064$, 故系数矩阵 $\boldsymbol{A}$ 是对称正定的. 又有 $\omega = 1.35 \in (0, 2)$, 因此 SOR 迭代格式收敛.

(3) 取初值 $\boldsymbol{x}^{(0)} = (0, 0, 0)^{\mathrm{T}}$, 雅可比迭代法、GS 迭代法和 SOR 迭代法分别经过 21 次、8 次和 13 次迭代得到 $\boldsymbol{x}_{\mathrm{J}}^{(21)} = \boldsymbol{x}_{\mathrm{GS}}^{(8)} = \boldsymbol{x}_{\mathrm{SOR}}^{(13)} = (1.000\,0, -1.000\,0, -1.000\,0)^{\mathrm{T}}$.

2. 分别用雅可比迭代法和 GS 迭代法求解下述线性代数方程组:

$$\begin{cases} 25x_1 + 2x_2 + 13x_3 = 40, \\ 4x_1 + 28x_2 + 8x_3 = 40, \\ 2x_1 - 13x_2 + 25x_3 = 14. \end{cases}$$

取初值 $\boldsymbol{x}^{(0)} = (0, 0, 0)^{\mathrm{T}}$, 精确到小数点后 4 位, 并在理论上判断这两个迭代法的收敛性.

解: 雅可比迭代格式为

$$\begin{cases} x_1^{(k+1)} = \dfrac{1}{25}(40 - 2x_2^{(k)} - 13x_3^{(k)}), \\ x_2^{(k+1)} = \dfrac{1}{28}(40 - 4x_1^{(k)} - 8x_3^{(k)}), \\ x_3^{(k+1)} = \dfrac{1}{25}(14 - 2x_1^{(k)} + 13x_2^{(k)}). \end{cases}$$

GS 迭代格式为

$$\begin{cases} x_1^{(k+1)} = \dfrac{1}{25}(40 - 2x_2^{(k)} - 13x_3^{(k)}), \\ x_2^{(k+1)} = \dfrac{1}{28}(40 - 4x_1^{(k+1)} - 8x_3^{(k)}), \\ x_3^{(k+1)} = \dfrac{1}{25}(14 - 2x_1^{(k+1)} + 13x_2^{(k+1)}). \end{cases}$$

很明显系数矩阵 $\boldsymbol{A}$ 是严格对角占优的, 所以上述雅可比迭代法和 GS 迭代法都收敛. 取初值 $\boldsymbol{x}^{(0)} = (0, 0, 0)^{\mathrm{T}}$, 若采用雅可比迭代法, 则迭代 12 次可得到满足精度要求的 $\boldsymbol{x}_{\mathrm{J}}^{(12)} = (1.000\,0, 1.000\,0, 1.000\,0)^{\mathrm{T}}$. 若采用 GS 迭代法, 则迭代 5 次可得到满足精度要求的 $\boldsymbol{x}_{\mathrm{GS}}^{(5)} = (1.000\,0, 1.000\,0, 1.000\,0)^{\mathrm{T}}$.

3. 对下述线性代数方程组

$$(1) \quad \begin{cases} 2x_1 + 4x_2 - 4x_3 = 8, \\ 3x_1 + 3x_2 + 3x_3 = 7, \\ 4x_1 + 4x_2 + 2x_3 = 6, \end{cases} \qquad (2) \quad \begin{cases} x_1 + x_3 = 8, \\ -x_1 + x_2 = 7, \\ x_1 + 2x_2 - 3x_3 = 6, \end{cases}$$

分别讨论用雅可比迭代法和 GS 迭代法求解的收敛性.

解: (1) 首先计算每个迭代法的迭代矩阵, 然后计算它们的谱半径. 对于雅可比迭代法, 有

$$\boldsymbol{B}_{\mathrm{J}} = \boldsymbol{D}^{-1}(\boldsymbol{L} + \boldsymbol{U}) = \begin{pmatrix} 0 & -2 & 2 \\ -1 & 0 & -1 \\ -2 & -2 & 0 \end{pmatrix},$$

其特征多项式为

$$\det(\lambda \boldsymbol{I} - \boldsymbol{B}_{\mathrm{J}}) = \begin{vmatrix} \lambda & 2 & -2 \\ 1 & \lambda & 1 \\ 2 & 2 & \lambda \end{vmatrix} = \lambda^3.$$

因此 $\lambda_1 = \lambda_2 = \lambda_3 = 0$, $\rho(\boldsymbol{B}_{\mathrm{J}}) = 0$, 所以雅可比迭代法是收敛的.

对于 GS 迭代法, 有

$$\boldsymbol{B}_{\mathrm{G}} = (\boldsymbol{D} - \boldsymbol{L})^{-1} \boldsymbol{U} = \begin{pmatrix} 0 & -2 & 2 \\ 0 & 2 & -3 \\ 0 & 0 & 2 \end{pmatrix},$$

其特征多项式为

$$\det(\lambda \boldsymbol{I} - \boldsymbol{B}_{\mathrm{G}}) = \begin{vmatrix} \lambda & 2 & -2 \\ 0 & \lambda - 2 & 3 \\ 0 & 0 & \lambda - 2 \end{vmatrix} = \lambda(\lambda - 2)^2.$$

因此, $\lambda_1 = 0$, $\lambda_2 = \lambda_3 = 2$, $\rho(\boldsymbol{B}_{\mathrm{G}}) = 2 > 1$, 所以 GS 迭代法是不收敛的.

(2)

$$\boldsymbol{B}_{\mathrm{J}} = \boldsymbol{D}^{-1}(\boldsymbol{L} + \boldsymbol{U}) = \begin{pmatrix} 1 & & \\ & 1 & \\ & & -\frac{1}{3} \end{pmatrix} \begin{pmatrix} 0 & 0 & 1 \\ -1 & 0 & 0 \\ 1 & 2 & 0 \end{pmatrix} = \begin{pmatrix} 0 & 0 & -1 \\ 1 & 0 & 0 \\ \frac{1}{3} & \frac{2}{3} & 0 \end{pmatrix},$$

因为 $|\lambda \boldsymbol{I} - \boldsymbol{B}_{\mathrm{J}}| = \lambda^3 + \frac{1}{3}\lambda + \frac{2}{3} = f(\lambda)$, 且 $f'(\lambda) > 0$ 对于所有实数 λ 成立, 故 $f(\lambda)$ 刚好有一个实根. $f\left(-\frac{2}{3}\right) = \frac{4}{27} > 0$, 并且 $f(-1) = -\frac{2}{3} < 0$, 所以 $f(\lambda)$ 的唯一实根 $\lambda_1 \in \left(-1, -\frac{2}{3}\right)$; 另两根为共轭复根, $|\lambda_2 \lambda_3| = \left|\dfrac{\frac{2}{3}}{\lambda_1}\right| < 1$, 即 $|\lambda_2| = |\lambda_3| < 1$, 所以雅可比迭代法收敛.

$$\boldsymbol{B}_{\mathrm{G}} = (\boldsymbol{D} - \boldsymbol{L})^{-1} \boldsymbol{U} = \begin{bmatrix} 1 & 0 & 0 \\ -1 & 1 & 0 \\ 1 & 2 & -3 \end{bmatrix}^{-1} \begin{bmatrix} 0 & 0 & -1 \\ 0 & 0 & 0 \\ 0 & 0 & 0 \end{bmatrix} = \begin{bmatrix} 0 & 0 & -1 \\ 0 & 0 & -1 \\ 0 & 0 & -1 \end{bmatrix},$$

易求得特征值 $\lambda_1 = \lambda_2 = 0, \lambda_3 = -1$, 所以 GS 迭代法不收敛.

4. 证明：对于某个相容的矩阵范数, 如果 $\|\boldsymbol{A}\| < 1$, 则

$$\|(\boldsymbol{I} + \boldsymbol{A})^{-1}\| \leqslant \frac{1}{1 - \|\boldsymbol{A}\|}.$$

证：首先证明 $I + A$ 是非奇异矩阵 (用反证法).

假如 $I + A$ 是奇异矩阵, 则齐次线性方程 $(I + A)x = 0$ 有非零解 $x \neq 0$, 即 $x = -Ax$. 两边取向量范数, 有 $\|x\| = \|Ax\| \leqslant \|A\| \cdot \|x\|$. 由于 $\|x\| \neq 0$, 所以 $\|A\| \geqslant 1$, 矛盾.

显然 $(I + A)^{-1}(I + A) = I$, 由此

$$(I + A)^{-1} = I - (I + A)^{-1}A.$$

两边取矩阵范数, 可得

$$\|(I + A)^{-1}\| \leqslant 1 + \|(I + A)^{-1}\| \cdot \|A\|,$$

所以

$$\|(I + A)^{-1}\| \leqslant \frac{1}{1 - \|A\|}$$

成立.

5. 设线性代数方程组 $Ax = b$, 其中 A 为 n 阶对称正定矩阵 (设 A 的特征值满足 $0 < \alpha \leqslant \lambda(A) \leqslant \beta$), 建立如下迭代格式:

$$x^{(k+1)} = x^{(k)} + \omega(b - Ax^{(k)}), \quad k = 0, 1, \cdots.$$

证明: 当 $0 < \omega < \dfrac{2}{\beta}$ 时, 上述迭代格式收敛.

证: 迭代格式可另写为 $x^{(k+1)} = (I - \omega A)x^{(k)} + \omega b$. 易知 $I - \omega A$ 是对称矩阵, 所有特征值皆为实数. 记 $\lambda_i(X)$ 为矩阵 X 的第 i 个特征值.

$$\lambda_i(I - \omega A) = 1 - \omega\lambda_i(A) \geqslant 1 - \omega\beta > -1,$$
$$\lambda_i(I - \omega A) = 1 - \omega\lambda_i(A) \leqslant 1 - \omega\alpha < 1,$$

所以 $\rho(I - \omega A) < 1$, 迭代格式收敛.

6. 试证：当 $-0.5 < \alpha < 1$ 时矩阵

$$A = \begin{pmatrix} 1 & \alpha & \alpha \\ \alpha & 1 & \alpha \\ \alpha & \alpha & 1 \end{pmatrix}$$

是正定的; 当 $-0.5 < \alpha < 0.5$ 时, 用雅可比迭代法求解 $Ax = b$ 是收敛的.

证: 矩阵 A 的各阶顺序主子式为

$$D_1 = 1, \quad D_2 = 1 - \alpha^2, \quad D_3 = \det(A) = (\alpha - 1)^2(2\alpha + 1).$$

由 $-0.5 < \alpha < 1$ 可推出 $D_2 > 0$ 和 $D_3 > 0$, 因此当 $-0.5 < \alpha < 1$ 时矩阵 A 是正定的.

当 $-0.5 < \alpha < 0.5$ 时, A 正定且 $2D - A$ 也是同类型的矩阵, 只是把参数 α 换为 $-\alpha$, 因此也是正定的, 所以用雅可比迭代法求解 $Ax = b$ 是收敛的. 实际上, 当 $-0.5 < \alpha < 0.5$ 时矩阵 A 是严格对角占优的, 也可以推出用雅可比迭代法求解 $Ax = b$ 是收敛的.

7. 证明下面方程组的雅可比迭代法不收敛:

$$\begin{cases} 2x_1 - x_3 - x_4 = 1, \\ 2x_2 - x_3 - x_4 = 2, \\ -x_1 - x_2 + 2x_3 = 4, \\ -x_1 - x_2 + 2x_4 = 5. \end{cases}$$

证: 对于该系数矩阵, 有

$$\boldsymbol{B}_{\mathrm{J}} = \boldsymbol{D}^{-1}(\boldsymbol{D} - \boldsymbol{A}) = \begin{pmatrix} 0 & 0 & 0.5 & 0.5 \\ 0 & 0 & 0.5 & 0.5 \\ 0.5 & 0.5 & 0 & 0 \\ 0.5 & 0.5 & 0 & 0 \end{pmatrix}.$$

易知, $\boldsymbol{B}_{\mathrm{J}}\boldsymbol{e} = \boldsymbol{e}$, 其中 $\boldsymbol{e}$ 是分量全为 1 的 4 维向量. 因此, 矩阵 $\boldsymbol{B}_{\mathrm{J}}$ 有一个特征值为 1, 即 $\rho(\boldsymbol{B}_{\mathrm{J}}) \geqslant 1$, 雅可比迭代法不收敛.

8. 证明对 GS 迭代法有

$$\left\| \boldsymbol{x}^{(k)} - \boldsymbol{x}^{(k-1)} \right\|_\infty \leqslant \mu^{k-1} \left\| \boldsymbol{x}^{(1)} - \boldsymbol{x}^{(0)} \right\|_\infty,$$

其中, $\mu = \max\limits_{i} \left(\sum\limits_{j=i}^{n} |b_{ij}| \Big/ \left(1 - \sum\limits_{j=1}^{i-1} |b_{ij}| \right) \right)$, 这里 b_{ij} 是 GS 迭代矩阵的元素.

证: 设 GS 迭代格式为

$$\boldsymbol{D}\boldsymbol{x}^{(k+1)} = \boldsymbol{L}\boldsymbol{x}^{(k+1)} + \boldsymbol{U}\boldsymbol{x}^{(k)} + \boldsymbol{b}, \tag{1}$$

这里, $\boldsymbol{D}, -\boldsymbol{L}, -\boldsymbol{U}$ 是迭代矩阵的分块, 其元素分别为 b_{ii}、b_{ij} (其中 $i > j$) 和 b_{ij} (其中 $i < j$). 后两个矩阵为严格下三角形矩阵和严格上三角形矩阵. 同理,

$$\boldsymbol{D}\boldsymbol{x}^{(k)} = \boldsymbol{L}\boldsymbol{x}^{(k)} + \boldsymbol{U}\boldsymbol{x}^{(k-1)} + \boldsymbol{b}, \tag{2}$$

式 (1) 和式 (2) 相减有

$$\boldsymbol{D}(\boldsymbol{x}^{(k+1)} - \boldsymbol{x}^{(k)}) = \boldsymbol{L}(\boldsymbol{x}^{(k+1)} - \boldsymbol{x}^{(k)}) + \boldsymbol{U}(\boldsymbol{x}^{(k)} - \boldsymbol{x}^{(k-1)}).$$

记 i_0 为 $\sum\limits_{j=i}^{n} |b_{ij}| \Big/ \left(1 - \sum\limits_{j=1}^{i-1} |b_{ij}| \right)$ 达到最大的指标, 考虑上述等式的第 i_0 个等式 (为简化记号, 仍记为 i):

$$b_{ii}(x_i^{(k+1)} - x_i^{(k)}) = \sum_{j=1}^{i-1} -b_{ij}(x_j^{(k+1)} - x_j^{(k)}) + \sum_{j=i+1}^{n} -b_{ij}(x_j^{(k)} - x_j^{(k-1)}).$$

上式两边取无穷范数, 有

$$|b_{ii}| \|(\boldsymbol{x}^{(k+1)} - \boldsymbol{x}^{(k)}\|_\infty = \sum_{j=1}^{i-1} |b_{ij}| \|\boldsymbol{x}^{(k+1)} - \boldsymbol{x}^{(k)}\|_\infty + \sum_{j=i+1}^{n} |b_{ij}| \|\boldsymbol{x}^{(k)} - \boldsymbol{x}^{(k-1)}\|_\infty.$$

因此,

$$\|\boldsymbol{x}^{(k+1)} - \boldsymbol{x}^{(k)}\|_\infty \leqslant \sum_{j=i}^{n} |b_{ij}| \Big/ \Big(1 - \sum_{j=1}^{i-1} |b_{ij}|\Big) \cdot \|\boldsymbol{x}^{(k)} - \boldsymbol{x}^{(k-1)}\|_\infty = \mu \|\boldsymbol{x}^{(k)} - \boldsymbol{x}^{(k-1)}\|_\infty.$$

递推就有

$$\|\boldsymbol{x}^{(k)} - \boldsymbol{x}^{(k-1)}\|_\infty \leqslant \mu \cdot \|\boldsymbol{x}^{(k-1)} - \boldsymbol{x}^{(k-2)}\|_\infty \leqslant \cdots \leqslant \mu^{k-1} \cdot \|\boldsymbol{x}^{(1)} - \boldsymbol{x}^{(0)}\|_\infty.$$

9. 试用共轭梯度法求解线性代数方程组

$$\begin{pmatrix} 4 & -1 & 0 & -1 & 0 & 0 \\ -1 & 4 & -1 & 0 & -1 & 0 \\ 0 & -1 & 4 & 0 & 0 & -1 \\ -1 & 0 & 0 & 4 & -1 & 0 \\ 0 & -1 & 0 & -1 & 4 & -1 \\ 0 & 0 & -1 & 0 & -1 & 4 \end{pmatrix} \begin{pmatrix} x_1 \\ x_2 \\ x_3 \\ x_4 \\ x_5 \\ x_6 \end{pmatrix} = \begin{pmatrix} 2 \\ 1 \\ 2 \\ 2 \\ 1 \\ 2 \end{pmatrix}.$$

其中, 初值为 $\boldsymbol{x}^{(0)} = (0,0,0,0,0,0)^{\mathrm{T}}$, 使得最终迭代误差 $\boldsymbol{r}^{(k)} = \boldsymbol{b} - \boldsymbol{A}\boldsymbol{x}^{(k)}$ 达到 $\|\boldsymbol{r}^{(k)}\|_2 / \|\boldsymbol{r}^{(0)}\|_2 < 1 \times 10^{-4}$, 最大迭代步数设为 10.

解: 取 $\boldsymbol{x}^{(0)} = (0,0,0,0,0,0)^{\mathrm{T}}$, $\boldsymbol{p}^{(0)} = \boldsymbol{r}^{(0)} = \boldsymbol{b} - \boldsymbol{A}\boldsymbol{x}^{(0)}$.

对 $k = 0, 1, 2, \cdots$, 计算

$$\begin{cases} \alpha_k = \|\boldsymbol{r}^{(k)}\|_2^2 / (\boldsymbol{A}\boldsymbol{p}^{(k)}, \boldsymbol{p}^{(k)}), \\ \boldsymbol{x}^{(k+1)} = \boldsymbol{x}^{(k)} + \alpha_k \boldsymbol{p}^{(k)}, \\ \boldsymbol{r}^{(k+1)} = \boldsymbol{r}^{(k)} - \alpha_k \boldsymbol{A}\boldsymbol{p}^{(k)}, \\ \beta_k = \|\boldsymbol{r}^{(k+1)}\|_2^2 / \|\boldsymbol{r}^{(k)}\|_2^2, \\ \boldsymbol{p}^{(k+1)} = \boldsymbol{r}^{(k+1)} + \beta_k \boldsymbol{p}^{(k)}. \end{cases}$$

计算过程如下:

$$\begin{cases} \alpha_0 = 0.4737, \\ \boldsymbol{x}^{(1)} = (0.9474, 0.4737, 0.9474, 0.9474, 0.4737, 0.9474)^{\mathrm{T}}, \\ \boldsymbol{r}^{(1)} = (-0.3684, 1.4737, -0.3684, -0.3684, 1.4737, -0.3684)^{\mathrm{T}}, \\ \beta_0 = 0.2715, \\ \boldsymbol{p}^{(1)} = (0.1745, 1.7452, 0.1745, 0.1745, 1.7452, 0.1745)^{\mathrm{T}}, \end{cases}$$

和

$$\begin{cases} \alpha_1 = 0.3016, \\ \boldsymbol{x}^{(2)} = (1.0000, 1.0000, 1.0000, 1.0000, 1.0000, 1.0000)^{\mathrm{T}}, \\ \boldsymbol{r}^{(2)} = 10^{-15} \times (-0.0555, 0.4441, -0.0555, 0.0555, 0, 0.0555)^{\mathrm{T}}. \end{cases}$$

此时, $\|\boldsymbol{r}^{(2)}\|_2/\|\boldsymbol{r}^{(0)}\|_2 < 1 \times 10^{-4}$. 容易看出原方程组的精确解为 $\boldsymbol{x}^* = (1,1,1,1,1,1)^{\mathrm{T}}$. 故共轭梯度法迭代两步就求到了解.

10. 试用广义极小残量法求解线性代数方程组

$$
\begin{pmatrix}
4.2 & -1 & 0 & -1 & 0 & 0 \\
-1 & 4.2 & -1 & 0 & -1 & 0 \\
0 & -1 & 4.2 & 0 & 0 & -1 \\
-0.8 & 0 & 0 & 4.2 & -1 & 0 \\
0 & -0.8 & 0 & -1 & 4.2 & -1 \\
0 & 0 & -0.8 & 0 & -1 & 4.2
\end{pmatrix}
\begin{pmatrix}
x_1 \\ x_2 \\ x_3 \\ x_4 \\ x_5 \\ x_6
\end{pmatrix}
=
\begin{pmatrix}
6.4 \\ 0.2 \\ 2.2 \\ 1.6 \\ 1.4 \\ 2.4
\end{pmatrix}.
$$

其中, 初值为 $\boldsymbol{x}^{(0)} = (0,0,0,0,0,0)^{\mathrm{T}}$, 使得最终迭代误差 $\boldsymbol{r}^{(k)} = \boldsymbol{b} - \boldsymbol{A}\boldsymbol{x}^{(k)}$ 达到 $\|\boldsymbol{r}^{(k)}\|_2/\|\boldsymbol{r}^{(0)}\|_2 < 1 \times 10^{-4}$, 最大迭代步数设为 10.

解: 下面程序是一个标准的 GMRES (广义极小残量) 法程序. 你还需要该网站下的 rotmat.m 文件. 我们经过简单的修改使该程序成为不带其他功能 (预条件和重新启动) 的 GMRES 方法.

```
function [x, error, iter, flag] = gmres( A, b, x, max_it, tol )
% input     A        REAL nonsymmetric positive definite matrix
%           x        REAL initial guess vector
%           b        REAL right hand side vector
%           max_it   INTEGER maximum number of iterations
%           tol      REAL error tolerance
%
% output    x        REAL solution vector
%           error    REAL error norm
%           iter     INTEGER number of iterations performed
%           flag     INTEGER: 0 = solution found to tolerance
%                             1 = no convergence given max_it

   iter = 0;                                % initialization
   flag = 0;
   bnrm2 = norm( b );
   if  ( bnrm2 == 0.0 ), bnrm2 = 1.0; end
   r =  b-A*x ;
   error = norm( r ) / bnrm2;
   if ( error < tol ) return, end
   [n,n] = size(A);                         % initialize workspace
   m = n;
```

```
V(1:n,1:m+1) = zeros(n,m+1);
H(1:m+1,1:m) = zeros(m+1,m);
cs(1:m) = zeros(m,1);
sn(1:m) = zeros(m,1);
e1      = zeros(n,1);
e1(1) = 1.0;

for iter = 1:max_it,                   % begin iteration

    r =  b-A*x ;
    V(:,1) = r / norm( r );
    s = norm( r )*e1;
    for i = 1:m,                       % construct orthonormal
        w =  A*V(:,i);                 % basis using Gram-Schmidt
        for k = 1:i,
            H(k,i)= w'*V(:,k);
            w = w - H(k,i)*V(:,k);
        end
        H(i+1,i) = norm( w );
        V(:,i+1) = w / H(i+1,i);
        for k = 1:i-1,                 % apply Givens rotation
            temp     =  cs(k)*H(k,i) + sn(k)*H(k+1,i);
            H(k+1,i) = -sn(k)*H(k,i) + cs(k)*H(k+1,i);
            H(k,i)    = temp;
        end
        [cs(i),sn(i)] = rotmat( H(i,i), H(i+1,i) );
                                       % form i-th rotation matrix
        temp    = cs(i)*s(i);          % approximate residual norm
        s(i+1) = -sn(i)*s(i);
        s(i)    = temp;
        H(i,i) = cs(i)*H(i,i) + sn(i)*H(i+1,i);
        H(i+1,i) = 0.0;
        error   = abs(s(i+1)) / bnrm2;
        if ( error <= tol ),           % update approximation
            y = H(1:i,1:i) \ s(1:i);   % and exit
            x = x + V(:,1:i)*y;
            break;
        end
    end
```

```
      if ( error <= tol ), break, end
      y = H(1:m,1:m) \ s(1:m);
      x = x + V(:,1:m)*y;                    % update approximation
      r = b-A*x ;                            % compute residual
      s(i+1) = norm(r);
      error = s(i+1) / bnrm2;                % check convergence
      if ( error <= tol ), break, end;
   end

   if ( error > tol ) flag = 1; end;         % converged
% END of gmres.m
function [ c, s ] = rotmat( a, b )
   if ( b == 0.0 ),
      c = 1.0;
      s = 0.0;
   elseif ( abs(b) > abs(a) ),
      temp = a / b;
      s = 1.0 / sqrt( 1.0 + temp^2 );
      c = temp * s;
   else
      temp = b / a;
      c = 1.0 / sqrt( 1.0 + temp^2 );
      s = temp * c;
   end
```

首先生成矩阵 A 和向量 b, 在命令行上输入

```
>> [x, error, iter, flag] = gmres( A, b, zeros(6,1), 10, 1e-4 )
```

计算得解为 $x^* = (2, 1, 1, 1, 1, 1)^{\mathrm{T}}$, 迭代步数为 1.

§3.2 数值实验三

1. 试用 SOR 迭代法计算线性代数方程组

$$\begin{cases} -55x_1 & -5x_2 & +12x_3 = 41, \\ 21x_1 & +36x_2 & -13x_3 = 52, \\ 24x_1 & +7x_2 & +47x_3 = 12. \end{cases}$$

取 $x^{(0)} = (0,0,0)^{\mathrm{T}}$, 松弛因子分别选取为 $\omega = 0.1t, 1 \leqslant t \leqslant 19$, 要求达到精度 $\|x^{(k+1)} - x^{(k)}\| \leqslant 1 \times 10^{-4}$. 试通过数值计算得出不同的松弛因子所需要的迭代步数和收敛最快

的松弛因子, 并指出哪些松弛因子使得迭代发散.

解: 编写程序如下:

```
function [it,ws]=test31(A,b,w,maxit)
    if nargin<4,         maxit = 20000;
        if nargin<3,         w = linspace(0.1,1.9,19);
            if nargin<2,     b = [41 52 12]';
                if nargin<1, A = [-55 -5 12; 21 36 -13; 24 7 47];
                end; end; end; end;
    n = length(b);
    for k = 1:length(w),
        xold  = zeros(n,1);
        it(k) = 0;
        convg = 0;
        while ~convg,
            it(k) = it(k) + 1;
            x     = xold;
            for j = 1:n,
                x(j) = x(j) + w(k)/A(j,j) * ( b(j)-A(j,:)*x );
            end
            if norm(x-xold)<1e-4,
                convg = 1;
            else
                xold = x;
            end
            if it(k)>maxit,
                it(k) = inf;
                convg = 1;
            end
        end
    end
    [minit,ind] = min(it);
    ws          = w(ind);
```

在命令行上运行

```
>> [it,ws] = test61
```

可得到满足精度的近似解 $x = (-0.851\,4, 2.078\,5, 0.380\,5)^{\mathrm{T}}$. 当 $\omega = 0.1t$, $t = 1 \sim 19$ 时所需的迭代步数分别为 93, 49, 33, 24, 19, 15, 12, 10, 8, 6, 6, 11, 20, 44, 556, ∞, ∞, ∞, ∞, 其中 ∞ 代表不收敛. 可知, $\omega = 1.0$ 和 $\omega = 1.1$ 时迭代最快, $\omega \geqslant 1.6$ 时迭代不收敛.

2. 写一个雅可比迭代法程序, 输入维数 n, 求解 $\boldsymbol{Ax} = \boldsymbol{b}$, 其中

$$\boldsymbol{A} = \begin{pmatrix} n+1 & 1 & 1 & \cdots & 1 \\ 1 & n+2 & 1 & \cdots & 1 \\ 1 & 1 & n+3 & \cdots & 1 \\ \vdots & \vdots & \vdots & & \vdots \\ 1 & 1 & 1 & \cdots & 2n \end{pmatrix}, \quad \boldsymbol{b} = \begin{pmatrix} 1 \\ 2 \\ 3 \\ \vdots \\ n \end{pmatrix}.$$

解: 程序如下:

```
function [xo, it]=text32(n)
    tol   = 1e-10;
    maxit = 2000;
    xo    = ones(n,1);
    xn    = zeros(n,1);
    done  = 0;
    it    = 1;
    while ~done & it <= maxit,
        for k = 1:n,
            p = [1:k-1 k+1:n];
            xn(k) = (k-sum(xo(p)))/(n+k);
        end
        it = it + 1;
        if norm(xn-xo)<=tol,
            done = 1;
        else
            xo = xn;
        end
    end
```

例如, 在命令行上运行

```
>> [x, it] = test32(5)
>> [x, it] = test32(8)
```

可以得到当 $n = 5$ 时, 解 $\boldsymbol{x}^* \approx (-0.031\,1, 0.140\,7, 0.263\,5, 0.355\,5, 0.427\,1)^{\mathrm{T}}$, 迭代步数为 38 步; 当 $n = 8$ 时, 解 $\boldsymbol{x}^* \approx (-0.086\,7, 0.034\,0, 0.130\,6, 0.209\,7, 0.275\,5, 0.331\,2, 0.379\,0, 0.420\,4)^{\mathrm{T}}$, 迭代步数为 47 步.

第 4 章　多项式插值与样条插值

§4.1　习　题　四

1. 设有数据表如表 4-1 所示, 用线性插值找出 $\sin 0.705$ 和 $\cos 0.702$ 的近似值.

表 4-1

x	$\sin x$	$\cos x$
0.70	0.644 217 687 2	0.764 842 187 2
0.71	0.651 833 771 0	0.758 361 875 9

解: 先求 $\sin 0.705$ 的近似值. 用线性插值公式有

$$L_1(x) = \frac{x-0.70}{0.71-0.70} \times 0.651\ 833\ 771\ 0 + \frac{x-0.71}{0.70-0.71} \times 0.644\ 217\ 687\ 2$$
$$= 0.761\ 608\ 38x + 0.111\ 091\ 821\ 2$$

将 $x = 0.705$ 代入, 即得

$$\sin 0.705 \approx L_1(0.705) = 0.648\ 025\ 729\ 1.$$

再求 $\cos 0.702$ 的近似值. 用线性插值公式有

$$L_1(x) = \frac{x-0.70}{0.71-0.70} \times 0.758\ 361\ 875\ 9 + \frac{x-0.71}{0.70-0.71} \times 0.764\ 842\ 187\ 2$$
$$= -0.648\ 031\ 13x + 1.218\ 463\ 978\ 2$$

将 $x = 0.702$ 代入, 即得

$$\cos 0.702 \approx L_1(0.702) = 0.763\ 546\ 124\ 94.$$

2. 设给定数值表如表 4-2 所示.

表 4-2

x	0	1	2	4	6
$f(x)$	1	9	23	3	259

(1) 构造出差商表;

(2) 用 4 次牛顿插值多项式求出 $f(4.2)$ 的近似值.

解:

(1) 差商表为

x_k	$f(x_k)$	一阶差商	二阶差商	三阶差商	四阶差商
0	1				
		8			
1	9		3		
		14		−2.75	
2	23		−8		1.875
		−10		8.5	
4	3		34.5		
		128			
6	259				

(2) 4 次牛顿插值多项式为

$$N_4(x) = 1 + 8x + 3x(x-1) - 2.75x(x-1)(x-2)$$
$$+1.875x(x-1)(x-2)(x-4),$$

把 $x = 4.2$ 代入得

$$f(4.2) \approx N(4.2) = 4.696.$$

3. 多项式 $p(x) = x^4 - x^3 + x^2 - x + 1$ 的数值表如表 4-3 所示.

表 4-3

x	−2	−1	0	1	2	3
$p(x)$	31	5	1	1	11	61

试找一次数不大于 5 的多项式 $q(x)$, 它的数据如表 4-4 所示.

表 4-4

x	−2	−1	0	1	2	3
$q(x)$	31	5	1	1	11	30

解: 由表 4-3 和表 4-4 可知 $p(x) - q(x)$ 至少有 $x = 0, \pm 1, \pm 2$ 这 5 个根, 所以可设

$$p(x) - q(x) = Ax(x-1)(x+1)(x-2)(x+2),$$

把 $x = 3$ 代入, 得 $A = \dfrac{31}{120}$, 所以

$$q(x) = p(x) - \frac{31}{120}x(x-1)(x+1)(x-2)(x+2).$$

4. 如果用一个 20 次的插值多项式在 $[0,2]$ 上逼近 e^{-x}, 那么精确性如何?
解: 插值余项为

$$R_{20}(x) = \frac{f^{(21)}(\xi)}{21!} \prod_{k=0}^{20} (x - x_k),$$

其中, $f(x) = \mathrm{e}^{-x}$, $f^{(21)}(x) = -\mathrm{e}^{-x}$, ξ 介于 0 与 2 之间. 首先,

$$|f^{(21)}(\xi)| = |\mathrm{e}^{-\xi}| < 1.$$

若假设节点 $x_0, x_1, \cdots, x_{20}$ 是等距的, 则对于 $k \neq 10$,

$$\max_x |(x - x_k)(x - x_{20-k})| \leqslant 1.$$

当 $k = 10$ 时有,

$$|x - x_{10}| \leqslant 1.$$

于是

$$|R_{20}(x)| < \frac{1}{21!}.$$

因此, 逼近是非常精确的.

5. 设用区间 $[1, 2]$ 上有 10 个等距分布节点的 9 次插值多项式逼近函数 $f(x) = \ln x$, 误差界是多少?

解: 设 $x = x_0 + th$, 其中 $x_0 = 1, h = \dfrac{1}{9}, 0 \leqslant t \leqslant 9$. 插值余项为

$$R(x) = R(x_0 + th) = \frac{f^{(10)}(\xi)}{10!} h^{10} \prod_{k=0}^{9} (t - k) = \bar{R}(t),$$

其中, ξ 介于 1 与 2 之间. 因为 $f(x) = \ln x$, $f^{(10)}(x) = -\dfrac{9!}{x^{10}}$, 所以

$$|f^{(10)}(\xi)| < 9!.$$

于是

$$|\bar{R}(t)| < \frac{1}{10 \times 9^{10}} \prod_{k=0}^{9} |t - k| \leqslant \frac{4.5^9}{10 \times 9^{10}} = \frac{1}{90 \times 2^9} \approx 2.170\,1 \times 10^{-5}.$$

6. 设 $l_0(x), l_1(x), \cdots, l_n(x)$ 是以 $x_0, x_1, \cdots, x_n$ 为节点的 n 次拉格朗日插值基函数, 证明

$$\sum_{i=0}^{n} x_i^k \cdot l_i(x) = x^k, \quad k = 0, 1, 2, \cdots, n.$$

证: 因为左边是以 $x_0, x_1, \cdots, x_n$ 为节点的 x^k 的 n 次插值多项式; 右边 x^k 本身就是自己的 n 次插值多项式. 由插值多项式的唯一性可知左边等于右边.

7. 假设对函数 $f(x)$ 在步长为 h 的等距节点上构造函数值表, 且 $|f''(x)| \leqslant M$, 证明: 在表中任意相邻两点间做线性插值, 误差不超过 $\dfrac{1}{8}Mh^2$. 设 $f(x) = \sin x$, 问 h 应取多大才能保证线性插值的误差不大于 $\dfrac{1}{2} \times 10^{-6}$.

证：线性插值余项为

$$R(x) = \frac{f''(\xi)}{2!}(x-x_0)(x-x_1),$$

如果 x 落在某两个相邻等距节点 x_0 和 x_1 间, 则

$$|(x-x_0)(x-x_1)| \leqslant \frac{1}{4}(x_1-x_0)^2.$$

因此,

$$|R(x)| = \frac{|f''(\xi)|}{2!}\frac{1}{4}(x_1-x_0)^2 \leqslant \frac{Mh^2}{8}.$$

若 $f(x) = \sin x$, 可知 $|f''(x)| = |-\sin x| \leqslant 1$, 为保证误差不大于 $\frac{1}{2} \times 10^{-6}$, 步长 h 至少要满足 $h^2 \leqslant 4 \times 10^{-6}$, 即 $h \leqslant 2 \times 10^{-3}$.

8. 已知 $f(x) = x^8 + x^5 - 32$, 求 $f[3^0, 3^1, \cdots, 3^8]$, $f[3^0, 3^1, \cdots, 3^9]$.

解： 因为对于任意节点 $x_0, x_1, \cdots, x_n$ 有

$$f[x_0, x_1, \cdots, x_n] = \frac{f^{(n)}(\xi)}{n!},$$

其中 ξ 是 $x_0, x_1, \cdots, x_n$ 所在区间中的一个点. 因此,

$$f[3^0, 3^1, \cdots, 3^8] = \frac{f^{(8)}(\xi)}{8!} = 1,$$

并且

$$f[3^0, 3^1, \cdots, 3^9] = \frac{f^{(9)}(\xi)}{9!} = 0.$$

9. 设 $l_0(x), l_1(x), \cdots, l_n(x)$ 是以 $x_0, x_1, \cdots, x_n$ 为节点的 n 次拉格朗日插值基函数, 对 $n=1$ 直接验证

$$\sum_{i=0}^{n} l_i(x) = 1,$$

然后对任意 n 值建立上述等式.

证： 当 $n=1$ 时, $l_0(x) = \frac{x-x_1}{x_0-x_1}$, $l_1(x) = \frac{x-x_0}{x_1-x_0}$, 所以 $l_0(x) + l_1(x) = 1$ 成立. 对于任意 n, 等式左边可以看成 $y=1$ 的 n 次插值多项式, 右边本身就是自己的 n 次插值多项式, 由插值多项式的唯一性可知左边等于右边.

10. 若函数 $f(x)$ 在 $[a,b]$ 上有四阶连续导数, 且已知函数 $f(x)$ 在 $[a,b]$ 的互异的节点 x_0, x_1, x_2 上的函数值以及节点 x_0 的一阶导数值, 如表 4-5 所示. 求一个三次埃尔米特插值多项式 $H_3(x)$, 使其满足

$$\begin{cases} H_3(x_i) = f(x_i), & i=0,1,2, \\ H_3'(x_0) = f'(x_0), \end{cases}$$

并估计余项.

x	0	1	2
$f(x)$	0	1	1
$f'(x)$	-3		

解: 满足 $L(0)=0$, $L(1)=1$, $L(2)=1$ 的二次拉格朗日插值多项式为

$$L(x) = 0 \times \frac{(x-1)(x-2)}{(0-1)(0-2)} + 1 \times \frac{(x-0)(x-2)}{(1-0)(1-2)} + 1 \times \frac{(x-0)(x-1)}{(2-0)(2-1)}$$

$$= -\frac{1}{2}x^2 + \frac{3}{2}x.$$

令 $H_3(x) = L(x) + A(x-0)(x-1)(x-2)$, 则

$$H_3'(0) = L'(0) + A(0-1)(0-2),$$

此即 $\frac{3}{2} + 2A = -3$, 解得 $A = -\frac{9}{4}$. 因此,

$$H_3(x) = -\frac{1}{2}x^2 + \frac{3}{2}x - \frac{9}{4}(x-0)(x-1)(x-2) = -\frac{9}{4}x^3 + \frac{25}{4}x^2 - 3x.$$

记 $\Pi(x) = (x-x_0)^2(x-x_1)(x-x_2)$, 注意到问题的插值条件, 我们把插值余项写为

$$R_3(x) = f(x) - H_3(x) = K(x)\Pi(x).$$

引进辅助函数 $\varphi(t) = f(t) - H_3(t) - K(x)\Pi(t)$, 视 x 为 (a,b) 上的一个固定点, 且 $x \neq x_i(i=0,1,2)$, 则 $\varphi(t)$ 在节点 x,x_0,x_1,x_2 上取值为 0. 根据罗尔 (Rolle) 定理, 在 $\varphi(t)$ 的任何两个零点之间必存在一点 η, 使 $\varphi'(\eta) = 0$, 记为 η_0, η_1, η_2. 于是 $\varphi'(x)$ 在 (a,b) 上至少有零点 $x_0, \eta_0, \eta_1, \eta_2$. 对 $\varphi'(t), \varphi''(t), \cdots, \varphi^{(4)}(t)$ 反复运用罗尔定理, 最后推出, 在 (a,b) 上至少存在一个点 ξ, 使 $\varphi^{(4)}(\xi) = 0$, 而

$$\varphi^{(4)}(\xi) = f^{(4)}(\xi) - H_3^{(4)}(\xi) - K(x)\Pi^{(4)}(\xi),$$

其中 $H_3(x)$ 是次数不超过 3 的多项式, $\Pi(x)$ 是四次多项式, 所以 $H_3^{(4)}(\xi) = 0$, $\Pi^{(4)}(\xi) = 4!$, 于是

$$f^{(4)}(\xi) - K(x)4! = 0,$$

$$K(x) = \frac{f^{(4)}(\xi)}{4!},$$

代入 $R_3(x)$, 可得

$$R_3(x) = \frac{f^{(4)}(\xi)}{4!}\Pi(x),$$

其中 $\xi \in (a,b)$ 且依赖于 x.

11. 若函数 $f(x)$ 在 $[a,b]$ 上有五阶连续导数, 且已知函数 $f(x)$ 在 $[a,b]$ 的互异的节点 x_0, x_1, x_2 上的函数值以及节点 x_0, x_1 的一阶导数值, 如表 4-6 所示. 求一个四次埃尔米特插值多项式 $H_4(x)$, 使其满足

$$\begin{cases} H_4(x_i) = f(x_i), & i = 0, 1, 2, \\ H_4'(x_i) = f'(x_i), & i = 0, 1, \end{cases}$$

并估计余项.

表 4-6

x	0	1	2
$f(x)$	0	1	1
$f'(x)$	-3	9	

解一: 满足 $H_3(0) = 0$, $H_3'(0) = -3$, $H_3(1) = 1$, $H_3'(1) = 9$ 的三次埃尔米特插值多项式为 $H_3(x) = 4x^3 - 3x$. 令 $H_4(x) = H_3(x) + A(x-0)^2(x-1)^2$, 有 $H_4(2) = 26 + 4A = 1$, 解得 $A = -\dfrac{25}{4}$. 所以

$$H_4(x) = 4x^3 - 3x - \frac{25}{4}x^2(x-1)^2 = -\frac{25}{4}x^4 + \frac{33}{2}x^3 - \frac{25}{4}x^2 - 3x.$$

解二: 由习题 10 可设 $H(x) = -\dfrac{9}{4}x^3 + \dfrac{25}{4}x^2 - 3x + A(x-0)^2(x-1)(x-2)$. 因此,

$$H_4'(1) = -\frac{27}{4} + \frac{50}{4} - 3 + A(1-0)^2(1-2) = 9,$$

解得 $A = -\dfrac{25}{4}$, 代入可得

$$H_4(x) = 4x^3 - 3x - \frac{25}{4}x^2(x-1)^2 = -\frac{25}{4}x^4 + \frac{33}{2}x^3 - \frac{25}{4}x^2 - 3x.$$

解三: 构造差商表, 如表 4-7 所示.

表 4-7

x_k	$f(x_k)$	一阶差商	二阶差商	三阶差商	四阶差商
0	0				
		-3			
0	0		4		
		1		4	
1	1		8		$-25/4$
		9		$17/2$	
1	1		-9		
		0			
2	1				

则插值多项式为

$$H_4(x) = 0 - 3(x-0) + 4(x-0)^2 + 4(x-0)^2(x-1) - \frac{25}{4}(x-0)^2(x-1)^2$$

$$= -\frac{25}{4}x^4 + \frac{33}{2}x^3 - \frac{25}{4}x^2 - 3x.$$

插值余项的推导类似于习题 10 的推导, 略.

12. 确定 a,b,c,d, 使得 $f(x)$ 是一个三次样条插值函数, 且 $\int_0^2 [f''(x)]^2 \mathrm{d}x$ 最小:

$$f(x) = \begin{cases} 3 + x - 9x^3, & 0 \leqslant x < 1, \\ a + b(x-1) + c(x-1)^2 + d(x-1)^3, & 1 \leqslant x \leqslant 2. \end{cases}$$

解: 由于 $f(x)$ 是三次样条函数, 所以必须满足

$$\begin{cases} f(1-) = f(1+), \\ f'(1-) = f'(1+), \\ f''(1-) = f''(1+). \end{cases}$$

可得

$$\begin{cases} a = -5, \\ b = -26, \\ c = -27. \end{cases}$$

因为 $f''(x) = 2c + 6d(x-1) = 6((x-1)d - 9)$, $\int_0^2 [f''(x)]^2 \mathrm{d}x$ 最小, 所以

$$\frac{1}{36} \int_1^2 [f''(x)]^2 \mathrm{d}x = \int_1^2 (x-1)^2 d^2 - 18(x-1)d + 81 \mathrm{d}x = \frac{1}{3}d^2 - 9d + 81,$$

最小化可得 $d = \frac{27}{2}$. 最后得到

$$f(x) = \begin{cases} 3 + x - 9x^3, & 0 \leqslant x < 1, \\ -5 - 26(x-1) - 27(x-1)^2 + \frac{27}{2}(x-1)^3, & 1 \leqslant x \leqslant 2. \end{cases}$$

13. 用笔算找出表 4-8 的自然三次样条插值函数.

表 4-8

x	1	2	3	4	5
y	0	1	0	1	0

解: 利用自然样条的三弯矩方程. 首先有 $d_1 = 6f[1,2,3] = -6$, 同理 $d_2 = 6$, $d_3 = -6$. 关于参数 M_1, M_2, M_3 的三弯矩方程为

$$\begin{pmatrix} 2 & \frac{1}{2} & 0 \\ \frac{1}{2} & 2 & \frac{1}{2} \\ 0 & \frac{1}{2} & 2 \end{pmatrix} \begin{pmatrix} M_1 \\ M_2 \\ M_3 \end{pmatrix} = \begin{pmatrix} -6 \\ 6 \\ -6 \end{pmatrix},$$

解这个方程组得

$$M_1 = -\frac{30}{7}, \quad M_2 = \frac{36}{7}, \quad M_3 = -\frac{30}{7}.$$

代入主教材样条表达式 (4.47) 中得到

$$s(x) = \begin{cases} -\dfrac{5}{7}(x-1)^3 + \dfrac{12}{7}(x-1), & x \in [1,2), \\[2mm] -\dfrac{5}{7}(3-x)^3 + \dfrac{6}{7}(x-2)^3 + \dfrac{12}{7}(3-x) - \dfrac{6}{7}(x-2), & x \in [2,3), \\[2mm] \dfrac{6}{7}(4-x)^3 - \dfrac{5}{7}(x-3)^3 - \dfrac{6}{7}(4-x) + \dfrac{12}{7}(x-3), & x \in [3,4), \\[2mm] -\dfrac{5}{7}(5-x)^3 + \dfrac{12}{7}(5-x), & x \in [4,5], \end{cases}$$

或者写成统一的形式, 得

$$s(x) = \begin{cases} -\dfrac{5}{7}(x-1)^3 + \dfrac{12}{7}(x-1), & x \in [1,2), \\[2mm] -\dfrac{11}{7}(x-2)^3 - \dfrac{15}{7}(x-2)^2 - \dfrac{3}{7}(x-2) + 1, & x \in [2,3), \\[2mm] -\dfrac{11}{7}(x-3)^3 + \dfrac{18}{7}(x-3)^2, & x \in [3,4), \\[2mm] \dfrac{5}{7}(x-4)^3 - \dfrac{15}{7}(x-4)^2 + \dfrac{3}{7}(x-4) + 1, & x \in [4,5]. \end{cases}$$

14. 找出节点 $-1,0,1$ 上的三次样条函数 $s(x)$, 使得 $s''(-1) = s''(1) = 0$, $s(-1) = s(1) = 0$, $s(0) = 1$.

解: $M_0 = s''(-1) = 0, M_2 = s''(1) = 0, 2M_1 = -6$ 得 $M_1 = -3$. 代入主教材样条表达式 (4.47) 得到

$$s(x) = \begin{cases} -\dfrac{1}{2}(x+1)^3 + \dfrac{3}{2}(x+1), & x \in [-1,0), \\[2mm] -\dfrac{1}{2}(1-x)^3 + \dfrac{3}{2}(1-x), & x \in [0,1]. \end{cases}$$

可以看到, 这是一个偶函数.

§4.2 数值实验四

1. 找出函数 $\arctan x$ 在区间 $[1,6]$ 的 11 个等距节点上的 10 次插值多项式, 输出这个插值多项式的牛顿形式中的系数. 计算并输出这个插值多项式与 $\arctan x$ 之差在区间 $[0,8]$ 的 33 个等距节点上的值. 由此能得出什么结论?

解: 编程如下, 并在图 4-1 中直接显示插值多项式和函数 $\arctan x$ 在各点上的值.

```
function ex41
    n = 11;
    x = linspace(1,6,n)';
    h = (6-1)/(n-1);
    y = atan(x);
% form the differences table
    for j = 2:n,
        y(1:n+1-j,j) = diff(y(1:n+2-j,j-1)) / ((j-1)*h);
    end
% newton coeff
    y = y(1,:);
    format long e
    fprintf('\nthe coefficients of Newton interpolation is:\n\n');
    fprintf('%12.6f%12.6f%12.6f%12.6f%12.6f\n ',y);
    pz = [ ];
    v  = linspace(0,8,33);
    for t = v,
        z = y(n);
        for j = n-1:-1:1,
            z = z * ( t - x(j) ) + y(j);
        end
        pz = [pz z];
    end
    plot(v,pz,'g*-',v,atan(v),'b+:');
    fprintf('\n      xi          p(xi)      atan(xi)      error\n');
    for j = 1:length(v),
        fprintf('%12.6f%12.6f%12.6f%12.6f\n',...
                v(j),pz(j),atan(v(j)),abs( pz(j)-atan(v(j)) ) );
    end
```

在命令行上运行, 有

```
 >> ex41
the coefficients of Newton interpolation is:
0.785398  0.394791  -0.146081   0.042436  -0.009999
0.001933  -0.000303   0.000036  -0.000002  -0.000000
0.000000
xi          p(xi)      atan(xi)      error
0.000000  -0.105316   0.000000   0.105316
0.250000   0.213081   0.244979   0.031898
```

0.500000	0.456396	0.463648	0.007251
0.750000	0.642467	0.643501	0.001034
1.000000	0.785398	0.785398	0.000000
1.250000	0.896090	0.896055	0.000035
1.500000	0.982794	0.982794	0.000000
1.750000	1.051646	1.051650	0.000004
2.000000	1.107149	1.107149	0.000000
2.250000	1.152573	1.152572	0.000001
2.500000	1.190290	1.190290	0.000000
2.750000	1.222025	1.222025	0.000000
3.000000	1.249046	1.249046	0.000000
3.250000	1.272298	1.272297	0.000000
3.500000	1.292497	1.292497	0.000000
3.750000	1.310194	1.310194	0.000000
4.000000	1.325818	1.325818	0.000000
4.250000	1.339706	1.339706	0.000000
4.500000	1.352127	1.352127	0.000000
4.750000	1.363300	1.363300	0.000000
5.000000	1.373401	1.373401	0.000000
5.250000	1.382576	1.382575	0.000001
5.500000	1.390943	1.390943	0.000000
5.750000	1.398600	1.398606	0.000006
6.000000	1.405648	1.405648	0.000000
6.250000	1.412251	1.412141	0.000110
6.500000	1.418769	1.418147	0.000622
6.750000	1.426013	1.423718	0.002295
7.000000	1.435699	1.428899	0.006800
7.250000	1.451205	1.433730	0.017475
7.500000	1.478760	1.438245	0.040515
7.750000	1.529240	1.442473	0.086767
8.000000	1.620793	1.446441	0.174352

从图像上或从输出的数据中, 都可以看到在原来的区间 $[1,6]$ 中, 各节点上插值多项式的值和函数 $\arctan x$ 的值相差很小, 而在区间外相差较大. 因此可以得出结论; 一般地, 插值效果在插值区间外无法得到保证, 这种情形称之为外推.

2. 检验主教材中给出的计算差商表的程序. 例如, 计算出表 4-9 的差商, 并由此找出表 4-9 的插值多项式.

解: 把主教材中的程序存为名字为chashang.m的文件, 并在命令行中运行

```
>> x = [1 2 3 -4 5]';
```

```
>> y = [2 48 272 1182 2262]';
>> [p,q] = chashang(x,y)
```

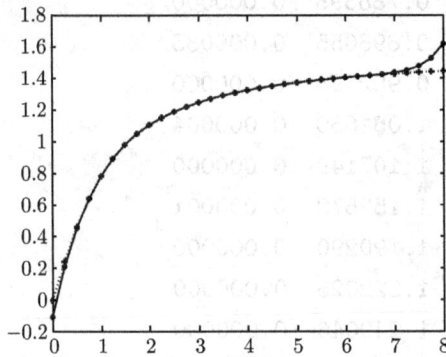

图 4-1

表 4-9

x	1	2	3	−4	5
y	2	48	272	118 2	226 2

则系统显示

```
  p =
      1       2      46      89       6       4
      2      48     224      59      22       0
      3     272    -130     125       0       0
     -4    1182     120       0       0       0
      5    2262       0       0       0       0
```

和

```
  q =
      2      46      89       6       4
```

所以这个插值多项式为

$$p(x) = 2 + 46(x-1) + 89(x-1)(x-2) + 6(x-1)(x-2)(x-3)$$
$$+ 4(x-1)(x-2)(x-3)(x+4)$$

或

$$p(x) = (((4(x+4)+6)(x-3)+89)(x-2)+46)(x-1)+2.$$

3. 使用区间 $[-5,5]$ 上的 21 个等距节点, 找出函数 $f(x) = (x^2+1)^{-1}$ 的 20 次插值多项式 $p(x)$. 输出 $f(x)$ 和 $p(x)$ 的图形, 观察 $f(x)$ 和 $p(x)$ 的最大偏差.

解: 编程如下:

```
function y = ex42
```

```
    n = 21;
    x = linspace(-5,5,n)';
    h = (5-(-5))/(n-1);
    y = 1./(1+x.^2);
% form the differences table
    for j = 2:n,
        y(1:n+1-j,j) = diff(y(1:n+2-j,j-1))./(x(j:n)-x(1:n+1-j));
    end
% newton coeff
    y  = y(1,:);
    pz = [ ];
    v  = linspace(-5,5,80);
    for t = v,
        z = y(n);
        for j = n-1:-1:1,
            z = z * ( t - x(j) ) + y(j);
        end
        pz = [pz z];
    end
    plot(v,pz,'r+-',v,1./(1+v.^2),'g--');
```

运行后可以看到图 4-2 所示的图形, 图 4-2(b) 是图 4-2(a) 的局部放大图形, 从图 4-2(b) 可以看到, 区间 $[-2.5, 2.5]$ 中两个函数非常靠近, 而从图 4-2(a) 可以看到, 两个函数最大偏差在 ± 4.8 附近, 偏差约达 60.

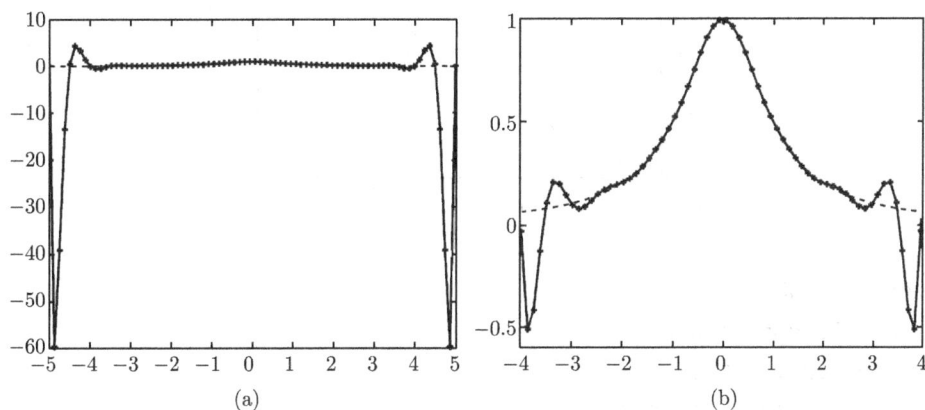

(a)   (b)

图 4-2

4. 在计算机上, 对上一题使用切比雪夫节点 $x_i = 5\cos(i\pi/20)$, $0 \leqslant i \leqslant 20$, 找出函数 $f(x) = (x^2 + 1)^{-1}$ 的 20 次插值多项式 $q(x)$. 输出 $f(x)$ 和 $q(x)$ 的图形. 由上一题和本题, 你能得出什么结论?

解: 编程时只需把上一题程序中第三行的 x = linspace(-5,5,n)'; 改为

```
x = 5*cos(pi/(n-1)*(0:n-1)');
```

运行后可以看到图 4-3 所示的图形. 可以看到函数逼近的效果相当好. 这说明了切比雪夫节点的误差分布的性质非常好, 结论见主教材定理 5.2.4 及其后的说明.

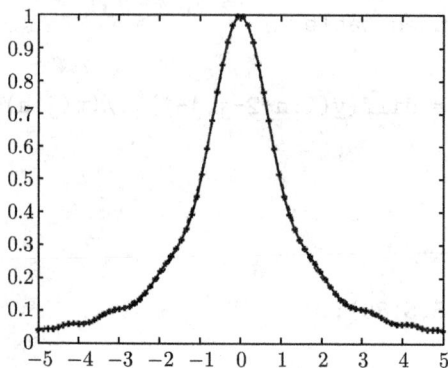

图 4-3

5. 找出函数 $f(x) = (x^2+1)^{-1}$ 在区间 $[-5,5]$ 上的 41 个等距节点的三次样条函数 $s(x)$, 输出 $f(x)$ 和 $s(x)$ 的图形.

解: 易求得 $f'(x) = \dfrac{-2x}{(1+x^2)^2}$, 因此 $f'(\pm 5) = \mp\dfrac{5}{338}$. 编程如下, 并且从图 4-4 中可以看出三次样条函数的逼近效果很好.

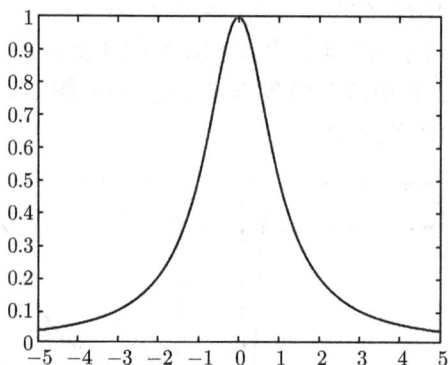

图 4-4

```
function ex45
    x = linspace(-5,5,41);
    y = 1./(1+x.^2);
    y = [5/338 y -5/338];
    pp = csape(x,y,'complete');
    v  = linspace(-5,5,100);
    f  = 1./(1+v.^2);
    s  = ppval(pp,v);
    plot(v,f,'b-',v,s,'g:');
```

第5章 函数逼近

§5.1 习 题 五

1. 求下列函数在区间 $[-1,1]$ 上的线性最佳一致逼近多项式:

(1) $f(x) = x^2 + 3x - 5$;

(2) $f(x) = e^x$.

解: (1) $f''(x) = 2 > 0$ 定号. 可令 $x_1 = -1$ 和 $x_3 = 1$, 则 $f(x_1) = -7$ 和 $f(x_3) = -1$. 令 $f'(x_2) = 2x_2 + 3 = \dfrac{(-1) - (-7)}{1 - (-1)} = 3$, 解得 $x_2 = 0$, $f(x_2) = -5$. 设联结点 $(x_1, f(x_1))$ 和点 $(x_2, f(x_2))$ 的线段的中点为 $(\bar{x}, \bar{y})$, 则 $\bar{x} = (-1 + 0)/2 = -\dfrac{1}{2}$, $\bar{y} = (-7 - 5)/2 = -6$. 线性最佳一致逼近是直线 $y + 6 = 3\left(x + \dfrac{1}{2}\right)$, 即线性最佳一致逼近多项式为 $p_1(x) = 3\left(x + \dfrac{1}{2}\right) - 6$.

(2) $f''(x) = e^x > 0$ 定号. 可令 $x_1 = -1$ 和 $x_3 = 1$, 则 $f(x_1) = 0.367\,88$ 和 $f(x_3) = 2.718\,28$. 令 $f'(x_2) = e^{x_2} = \dfrac{2.718\,28 - 0.367\,88}{1 - (-1)} = 1.175\,20$, 解得 $x_2 = 0.161\,44$, $f(x_2) = 1.175\,20$. 设联结点 $(x_1, f(x_1))$ 和点 $(x_2, f(x_2))$ 的线段的中点为 $(\bar{x}, \bar{y})$, 则 $\bar{x} = (-1 + 0.161\,44)/2 = -0.419\,28$, $\bar{y} = (0.367\,88 + 1.175\,20)/2 = 0.771\,54$. 线性最佳一致逼近是直线 $y - 0.771\,54 = 1.175\,20(x + 0.419\,28)$, 即线性最佳一致逼近多项式为 $p_1(x) = 1.175\,20x + 1.265\,67$.

函数 $x^2 + 3x - 5$ 和 e^x 在 $[-1,1]$ 上的线性最佳一致逼近的图像见图 5-1.

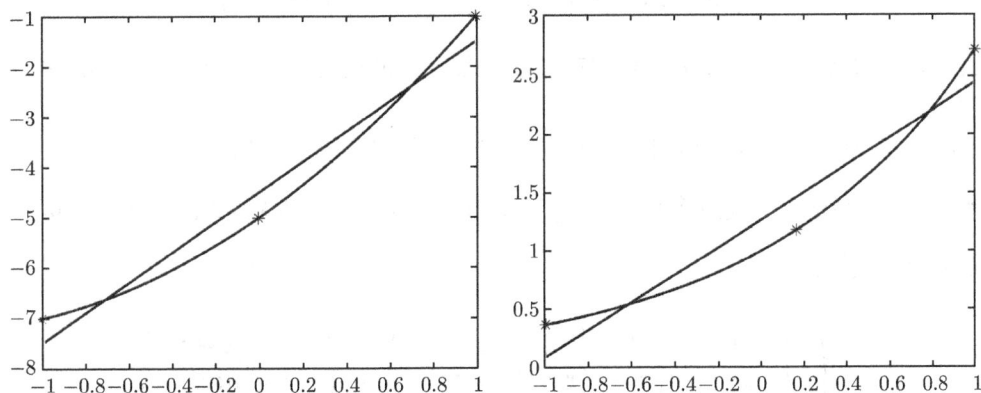

图 5-1

2. 令 M 和 m 分别代表连续函数 $f(x)$ 在区间 $[a,b]$ 上的最大值和最小值. 证明 $f(x)$ 在 $[a,b]$ 上的零次最佳一致逼近多项式 $p(x) = \dfrac{1}{2}(M+m)$.

证: 由闭区间上连续函数的性质, 有 $x_1, x_2 \in [a,b]$ 使得 $f(x_1) = m, f(x_2) = M$. 则

$$f(x_1) - p(x_1) = -\frac{1}{2}(M-m), \quad f(x_2) - p(x_2) = \frac{1}{2}(M-m).$$

而对于所有 $x \in [a,b]$, $|f(x) - p(x)| \leqslant \dfrac{1}{2}(M-m)$, 所以 x_1, x_2 是 $p(x)$ 关于 $f(x)$ 的偏差点. 由切比雪夫定理, $p(x)$ 是 $f(x)$ 的零次最佳一致逼近多项式.

3. 试分别求函数 $f(x) = \sqrt{1+x^2}$ 在区间 $[0,1]$ 上的线性最佳一致逼近多项式和线性最佳平方逼近多项式.

解: 先求线性最佳一致逼近多项式.

$f''(x) = \dfrac{1}{(1+x^2)^{3/2}} > 0$ 定号. 可令 $x_1 = 0$ 和 $x_3 = 1$, 则 $f(x_1) = 1$ 和 $f(x_3) = \sqrt{2}$.

令 $f'(x_2) = \dfrac{x_2}{\sqrt{1+x_2^2}} = \dfrac{\sqrt{2}-1}{1-0} = 0.414\,2$, 解得 $x_2 = 0.455\,09$, $f(x_2) = 1.098\,68$. 设联结点 $(x_1, f(x_1))$ 和点 $(x_2, f(x_2))$ 的线段的中点为 $(\bar{x}, \bar{y})$, 则 $\bar{x} = (0 + 0.455\,09)/2 = 0.227\,545$, $\bar{y} = (1 + 1.098\,68)/2 = 1.049\,34$. 线性最佳一致逼近是直线 $y - 1.049\,34 = 0.414\,2(x - 0.227\,545)$, 即线性最佳一致逼近多项式为 $p_1(x) = 0.414\,2x + 0.955\,14$.

再求线性最佳平方逼近多项式.

令 $y = a + bx$, 则 $(a,b)^{\mathrm{T}}$ 满足方程

$$\begin{pmatrix} (1,1) & (1,x) \\ (x,1) & (x,x) \end{pmatrix} \begin{pmatrix} a \\ b \end{pmatrix} = \begin{pmatrix} (1,f) \\ (x,f) \end{pmatrix},$$

其中两个函数 f, g 的内积定义为 $(f,g) = \displaystyle\int_0^1 f(x)g(x)\mathrm{d}x$. 此方程即

$$\begin{pmatrix} 1.000\,0 & 0.500\,0 \\ 0.500\,0 & 0.333\,3 \end{pmatrix} \begin{pmatrix} a \\ b \end{pmatrix} = \begin{pmatrix} 1.147\,8 \\ 0.609\,5 \end{pmatrix}.$$

由上式解得 $a = 0.934\,2$, $b = 0.427\,2$. 线性最佳平方逼近多项式为 $p_1(x) = 0.427\,2x + 0.934\,2$.

4. 求函数 $f(x) = \sin(\pi x)$ 在区间 $[0,1]$ 上的二次最佳平方逼近多项式.

解: 设二次最佳平方逼近多项式为 $p_2(x) = a + bx + cx^2$, 记内积 $(f,g) = \displaystyle\int_0^1 f(x)g(x)\mathrm{d}x$, 则 (a,b,c) 满足

$$\begin{pmatrix} (1,1) & (1,x) & (1,x^2) \\ (x,1) & (x,x) & (x,x^2) \\ (x^2,1) & (x^2,x) & (x^2,x^2) \end{pmatrix} \begin{pmatrix} a \\ b \\ c \end{pmatrix} = \begin{pmatrix} (1,\sin(\pi x)) \\ (x,\sin(\pi x)) \\ (x^2,\sin(\pi x)) \end{pmatrix},$$

即

$$
\begin{pmatrix} 1 & 1/2 & 1/3 \\ 1/2 & 1/3 & 1/4 \\ 1/3 & 1/4 & 1/5 \end{pmatrix} \begin{pmatrix} a \\ b \\ c \end{pmatrix} = \begin{pmatrix} 2/\pi \\ 1/\pi \\ (\pi^2 - 4)/\pi^3 \end{pmatrix}.
$$

由上式解得 $a = \dfrac{12\pi^2 - 20}{\pi^3} \approx -0.050\ 465$, $b = -\dfrac{60\pi^2 - 720}{\pi^3} \approx 4.122\ 5$, $c = -b \approx$ 4.122 5. 因此二次最佳平方逼近多项式为

$$
p_2(x) = -0.050\ 465 + 4.122\ 5x - 4.122\ 5x^2.
$$

5. 用最小二乘法, 找出形如 $y = ax^2 + b$ 的抛物线方程, 使之最佳地拟合表 5-1 中的数据.

表 5-1

x	−1	0	1
y	3.1	0.9	2.9

解: 法方程为

$$
\begin{pmatrix} \displaystyle\sum_{i=0}^{2} 1 & \displaystyle\sum_{i=0}^{2} x_i^2 \\ \displaystyle\sum_{i=0}^{2} x_i^2 & \displaystyle\sum_{i=0}^{2} x_i^4 \end{pmatrix} \begin{pmatrix} b \\ a \end{pmatrix} = \begin{pmatrix} \displaystyle\sum_{i=0}^{2} y_i \\ \displaystyle\sum_{i=0}^{2} x_i^2 y_i \end{pmatrix},
$$

即

$$
\begin{pmatrix} 3 & 2 \\ 2 & 2 \end{pmatrix} \begin{pmatrix} b \\ a \end{pmatrix} = \begin{pmatrix} 6.9 \\ 6 \end{pmatrix},
$$

解得 $a = 2.1$, $b = 0.9$. 所以最小二乘法所得的抛物线方程为 $y = 2.1x^2 + 0.9$.

6. 证明: 如果用最小二乘法使一条直线拟合数据点 (x_i, y_i), 那么这条直线必通过点 (x^*, y^*), 这里 x^* 和 y^* 分别是 x_i 和 y_i 的平均值.

证: 设直线 $y = ax + b$ 是用最小二乘法拟合数据点 (x_i, y_i) 所得的直线, 则 a, b 使得函数

$$
f(a, b) = \sum_i (y_i - ax_i - b)^2
$$

取到最小值. 令 $\dfrac{\partial f}{\partial b} = 0$, 可得 $2\sum_i (y_i - ax_i - b) = 0$. 两边同除以数据的个数 n, 则有 $2(y^* - ax^* - b) = 0$, 即 (x^*, y^*) 在该直线上.

7. 第二类切比雪夫多项式定义为

$$
U_n(x) = \frac{\sin((n+1)\arccos x)}{\sin(\arccos x)}, \quad -1 \leqslant x \leqslant 1.
$$

证明第二类切比雪夫多项式具有递推公式 $U_{n+1}(x) = 2xU_n(x) - U_{n-1}(x)$, 且它是区间 $[-1, 1]$ 上关于权函数 $\sqrt{1 - x^2}$ 的正交多项式.

证: 令 $x = \cos t$, 则有

$$U_{n+1}(x) + U_{n-1}(x) = \frac{\sin((n+2)t) + \sin(nt)}{\sin t} = \frac{2\sin((n+1)t)\cos t}{\sin t} = 2xU_n(x),$$

移项即证得递推公式. 利用同样的变换 $x = \cos t$, 可以证明

$$\int_{-1}^{1} U_m(x)U_n(x)\sqrt{1-x^2}\,\mathrm{d}x = \frac{\pi}{2}\delta_{mn}.$$

其中, 如果 $m = n$, $\delta_{mn} = 1$, 否则 $\delta_{mn} = 0$. 证得正交性.

8. 已知液体的黏度 V 随温度 T 按照 $V = a + bT + cT^2$ 变化, 利用表 5-2 的数值, 找出 a, b, c 的最佳值.

表 5-2

T (摄氏度)	1	2	3	4	5	6	7
V (毫帕·秒)	2.31	2.21	1.80	1.66	1.55	1.47	1.41

解: 法方程为

$$\begin{pmatrix} \sum\limits_{i=1}^{7} 1 & \sum\limits_{i=1}^{7} T_i & \sum\limits_{i=1}^{7} T_i^2 \\ \sum\limits_{i=1}^{7} T_i & \sum\limits_{i=1}^{7} T_i^2 & \sum\limits_{i=1}^{7} T_i^3 \\ \sum\limits_{i=1}^{7} T_i^2 & \sum\limits_{i=1}^{7} T_i^3 & \sum\limits_{i=1}^{7} T_i^4 \end{pmatrix} \begin{pmatrix} a \\ b \\ c \end{pmatrix} = \begin{pmatrix} \sum\limits_{i=1}^{7} V_i \\ \sum\limits_{i=1}^{7} T_i V_i \\ \sum\limits_{i=1}^{7} T_i^2 V_i \end{pmatrix},$$

即

$$\begin{pmatrix} 7 & 28 & 140 \\ 28 & 140 & 784 \\ 140 & 784 & 4676 \end{pmatrix} \begin{pmatrix} a \\ b \\ c \end{pmatrix} = \begin{pmatrix} 12.41 \\ 45.21 \\ 214.67 \end{pmatrix},$$

解得 $(a, b, c) = (2.678\,6, -0.340\,1, 0.022\,7)$, 即参数 a, b, c 的最佳值.

9. 找出形如 $a\sin\pi x + b\cos\pi x$ 的函数, 使之在最小二乘意义下拟合表 5-3 中的数据.

表 5-3

x	-1	$-1/2$	0	$1/2$	1
y	-1	0	1	2	1

解: 法方程为

$$\begin{pmatrix} \sum\limits_{i=1}^{5} \sin^2 \pi x_i & \sum\limits_{i=1}^{5} \sin\pi x_i \cos\pi x_i \\ \sum\limits_{i=1}^{5} \sin\pi x_i \cos\pi x_i & \sum\limits_{i=1}^{5} \cos^2 \pi x_i \end{pmatrix} \begin{pmatrix} a \\ b \end{pmatrix} = \begin{pmatrix} \sum\limits_{i=1}^{5} y_i \sin\pi x_i \\ \sum\limits_{i=1}^{5} y_i \cos\pi x_i \end{pmatrix},$$

即

$$\begin{pmatrix} 2 & 0 \\ 0 & 3 \end{pmatrix} \begin{pmatrix} a \\ b \end{pmatrix} = \begin{pmatrix} 2 \\ 1 \end{pmatrix},$$

解得 $(a, b) = (1, 1/3)$.

§5.2 数值实验五

1. 已知液体的表面张力 s 是关于温度 T 的线性函数 $s = aT + b$. 对某种液体有表 5-4 的实验数据. 试用最小二乘法确定系数 a, b, 并通过图形来展示拟合的效果.

表 5-4 表面张力–温度数据

T (摄氏度)	0	10	20	30	40	80	90	95
s (牛顿)	68.0	67.1	66.4	65.6	64.6	61.8	61.0	60.0

解: 编程如下:

```
function [a,b]=ex51
    T = [0 10 20 30 40 80 90 95]';
    s = [68.0 67.1 66.4 65.6 64.6 61.8 61.0 60.0]';
    z = [T ones(8,1)]\s;
    a = z(1);
    b = z(2);
    v = linspace(0,95,100);
    plot(T,s,'b+',v,a*v+b,'k-');
```

运行后求得 $a = -0.079\,9$ 和 $b = 67.959\,3$, 并可以得到如图 5-2 所示的图形.

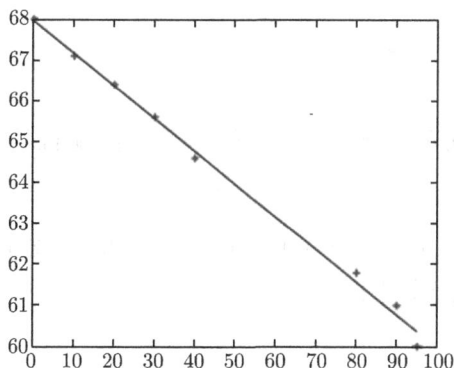

图 5-2

2. 拟合形如 $f(x) \approx \dfrac{a + bx}{1 + cx}$ 的函数的一种快速方法是将最小二乘法用于 $f(x)(1 + cx) \approx a + bx$, 试用这一方法拟合表 5-5 给出的中国人口数据, 并通过图形来展示拟合的效果.

表 5-5　中国人口数据

年份 (年)	1953	1964	1982	1990	2000
人口 (亿)	5.82	6.95	10.08	11.34	12.66

解: 把方程 $f(x)(1+cx) \approx a+bx$ 进一步变形为 $a+bx-cxf(x) \approx f(x)$, 这个近似方程可以看成基函数是 $1, x, -xf(x)$ 而数据为 $(x_i, f(x_i))$ 的最小二乘拟合问题. 编程如下:

```
function [a,b,c]=ex52
    x = [1953 1964 1982  1990  2000]';
    y = [5.82 6.95 10.08 11.34 12.66]';
    A = [ones(5,1) x -x.*y];
    z = A\y;
    a = z(1);
    b = z(2);
    c = z(3);
    v = linspace(1953,2000,100);
    plot(x,y,'b+',v,(a+b*v)./(1+c*v),'k-');
```

运行后求得的解为 $a = 2.945\,6$, $b = -0.001\,4$, $c = -0.000\,495\,60$, 并可以得到如图 5-3 所示的图形.

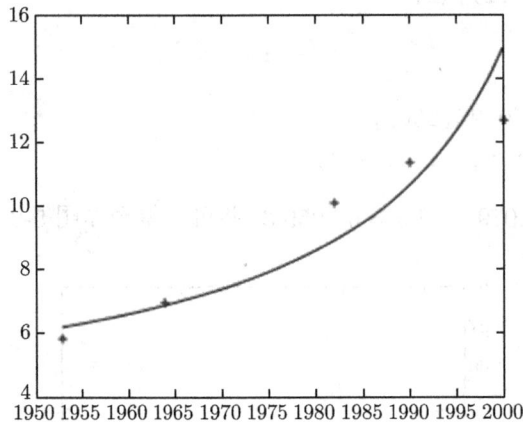

图 5-3

3. 给出一个离散数值表 $\{f_k\} = (4, 3, 2, 1, 0, 1, 2, 3)$, 用 FFT 算法求出 $\{f_k\}$ 的离散谱 $\{C_k\}$.

  解: 在 MATLAB 上运行如下命令:

```
>> f =[4:-1:1 0:3];
>> C = fft(f)
C =
   16.0000   6.8284   0   1.1716   0   1.1716   0   6.8284
```

结果即 $\{f_k\}$ 的离散谱.

第 6 章　数值积分与数值微分

§6.1　习　题　六

1. 确定下列求积公式中的待定参数, 使其代数精度尽量高, 并指出所得求积公式的代数精度:

(1) $\displaystyle\int_0^1 f(x)\,\mathrm{d}x \approx A_0 f\left(\frac{1}{4}\right) + A_1 f\left(\frac{1}{2}\right) + A_2 f\left(\frac{3}{4}\right)$;

(2) $\displaystyle\int_0^{2h} f(x)\,\mathrm{d}x \approx A_0 f(0) + A_1 f(h) + A_2 f(2h)$;

(3) $\displaystyle\int_{-1}^1 f(x)\,\mathrm{d}x \approx A[f(-1) + 2f(x_1) + 3f(x_2)]$;

(4) $\displaystyle\int_0^2 f(x)\,\mathrm{d}x \approx A_0 f(0) + \frac{4}{3} f(x_1) + A_2 f(x_2)$.

解: (1) 令 $f(x) = 1, x, x^2$, 代入求积公式, 有

$$\begin{cases} A_0 + A_1 + A_2 = 1, \\[2mm] \dfrac{1}{4} A_0 + \dfrac{1}{2} A_1 + \dfrac{3}{4} A_2 = \dfrac{1}{2}, \\[2mm] \dfrac{1}{16} A_0 + \dfrac{1}{4} A_1 + \dfrac{9}{16} A_2 = \dfrac{1}{3}. \end{cases}$$

解得 $A_0 = A_2 = \dfrac{2}{3}$, $A_1 = -\dfrac{1}{3}$. 因此, 求积公式为

$$\int_0^1 f(x)\,\mathrm{d}x \approx \frac{2}{3} f\left(\frac{1}{4}\right) - \frac{1}{3} f\left(\frac{1}{2}\right) + \frac{2}{3} f\left(\frac{3}{4}\right).$$

为确定求积公式的代数精度, 令 $f(x) = x^3$, 代入上面式子的两边, 得到左边 $= \dfrac{1}{4}$, 右边 $= \dfrac{1}{4}$, 左右两边相等. 令 $f(x) = x^4$, 代入得, 左边 $= \dfrac{1}{5}$, 右边 $= \dfrac{37}{192}$, 左右两边不等. 所以求积公式的代数精度为 3.

　　(2) 由于要确定 3 个待定参数 $A_i (i = 0, 1, 2)$, 故分别令 $f(x) = 1, x, x^2$, 使求积公式两边相等, 从而得到方程组

$$\begin{cases} A_0 + A_1 + A_2 = 2h, \\[1mm] h A_1 + 2h A_2 = 2h^2, \\[2mm] h^2 A_1 + 4h^2 A_2 = \dfrac{8}{3} h^3. \end{cases}$$

解得 $A_0 = A_2 = \dfrac{1}{3}h$, $A_1 = \dfrac{4}{3}h$. 因此, 求积公式为

$$\int_0^{2h} f(x)\,\mathrm{d}x \approx \frac{1}{3}hf(0) + \frac{4}{3}hf(h) + \frac{1}{3}hf(2h).$$

为确定求积公式的代数精度, 令 $f(x) = x^3$, 代入上面式子的两边, 得到左边 $= \dfrac{(2h)^4}{4} = 4h^4$, 右边 $= \dfrac{4}{3}h^4 + \dfrac{8}{3}h^4 = 4h^4$, 左右两边相等. 令 $f(x) = x^4$, 代入得, 左边 $= \dfrac{(2h)^5}{5} = \dfrac{32}{5}h^5$, 右边 $= \dfrac{4}{3}h^5 + \dfrac{16}{3}h^5 = \dfrac{20}{3}h^5$, 左右两边不等. 所以求积公式的代数精度为 3.

(3) 分别将 $f(x) = 1, x, x^2$ 代入求积公式两边, 使之相等, 便得方程组

$$\begin{cases} 6A = 2, \\ A(-1 + 2x_1 + 3x_2) = 0, \\ A(1 + 2x_1^2 + 3x_2^2) = \dfrac{2}{3}. \end{cases}$$

解出 $A = \dfrac{1}{3}$, $x_1 = \dfrac{1}{5}(1 \pm \sqrt{6})$, $x_2 = \dfrac{1}{15}(3 \mp 2\sqrt{6})$. 为确定代数精度, 我们令 $f(x) = x^3$, 左边 $= 0$,

$$\begin{aligned} 右边 &= \frac{1}{3}\left(-1 + 2\left(\frac{1 \pm \sqrt{6}}{5}\right)^3 + 3\left(\frac{3 \mp 2\sqrt{6}}{15}\right)^3\right) \\ &= \frac{1}{3}\left(-1 + \frac{2}{15^3}\left(27 \pm 81\sqrt{6} + 81 \times 6 \pm 27 \times 6\sqrt{6}\right) + \right. \\ &\qquad \left. \frac{3}{15^3}\left(27 \mp 54\sqrt{6} + 36 \times 6 \mp 8 \times 6\sqrt{6}\right)\right) \\ &= \frac{-36 \pm 4\sqrt{6}}{15^2} \\ &\neq 0, \end{aligned}$$

所以代数精度为 2.

(4) 分别令 $f(x) = 1, x, x^2, x^3$ 代入求积公式两边, 使之相等, 得方程组

$$\begin{cases} A_0 + \dfrac{4}{3} \quad + A_2 \quad = 2, \\ \dfrac{4}{3}x_1 + A_2 x_2 = 2, \\ \dfrac{4}{3}x_1^2 + A_2 x_2^2 = \dfrac{8}{3}, \\ \dfrac{4}{3}x_1^3 + A_2 x_2^3 = 4. \end{cases}$$

第三式减去第二式乘 x_2, 得到

$$\frac{4}{3}x_1(x_1 - x_2) = \frac{8}{3} - 2x_2,$$

第四式减去第三式乘 x_2, 得到

$$\frac{4}{3}x_1^2(x_1 - x_2) = 4 - \frac{8}{3}x_2,$$

联立得到方程组

$$\begin{cases} \dfrac{4}{3}x_1(x_1 - x_2) = \dfrac{8}{3} - 2x_2, \\ \dfrac{4}{3}x_1^2(x_1 - x_2) = 4 - \dfrac{8}{3}x_2. \end{cases}$$

因此, $4 - \dfrac{8}{3}x_2 = \left(\dfrac{8}{3} - 2x_2\right)x_1$, 即 $x_1 x_2 = \dfrac{4}{3}(x_1 + x_2) - 2$. 把 $x_1 x_2$ 代入上面的方程组的第一式, 化简得到

$$x_2 = 8x_1 - 6x_1^2,$$

再将其代入 $x_1 x_2 = \dfrac{4}{3}(x_1 + x_2) - 2$, 有

$$3x_1^3 - 8x_1^2 + 6x_1 - 1 = 0.$$

解出 $x_1 = 1$, $x_1 = \dfrac{1}{6}(5 \pm \sqrt{13})$, 从而得 $x_2 = 2$, $x_2 = \dfrac{1}{3}(1 \mp \sqrt{13})$, $A_0 = \dfrac{1}{3}$, $A_0 = \dfrac{1}{6}(1 \pm \sqrt{13})$, $A_2 = \dfrac{1}{3}$, $A_2 = \dfrac{1}{6}(3 \mp \sqrt{13})$, 即方程组有 3 组解

$$(A_0, A_2, x_1, x_2) = \left(\frac{1}{3}, \frac{1}{3}, 1, 2\right), \left(\frac{1 \pm \sqrt{13}}{6}, \frac{3 \mp \sqrt{13}}{6}, \frac{5 \pm \sqrt{13}}{6}, \frac{2 \mp 2\sqrt{13}}{6}\right).$$

经检验求积公式的代数精度皆为 3.

2. 推导下列 3 种求积公式及相应误差:

(1) $\displaystyle\int_a^b f(x)\,\mathrm{d}x = (b-a)f(a) + \frac{1}{2}f'(\xi)(b-a)^2$;

(2) $\displaystyle\int_a^b f(x)\,\mathrm{d}x = (b-a)f(b) - \frac{1}{2}f'(\zeta)(b-a)^2$;

(3) $\displaystyle\int_a^b f(x)\,\mathrm{d}x = (b-a)f\left(\frac{a+b}{2}\right) + \frac{1}{24}f''(\eta)(b-a)^3$.

解: 将 $f(x)$ 在 $x = a$ 处展开,

$$f(x) = f(a) + f'(\xi)(x - a), \qquad \xi \in (a, b),$$

积分并利用积分中值定理,

$$\int_a^b f(x)\,\mathrm{d}x = \int_a^b f(a)\,\mathrm{d}x + \int_a^b f'(\xi)(x - a)\,\mathrm{d}x$$

$$= (b-a)f(a) + f'(\eta)\int_a^b (x-a)\,\mathrm{d}x$$

$$= (b-a)f(a) + \frac{1}{2}f'(\eta)(b-a)^2, \qquad \eta \in (a,b).$$

此求积公式称为左矩形求积公式. 利用 $\int_a^b f(x)\mathrm{d}x = \int_a^b f(a+b-y)\mathrm{d}y$ 和式 (1) 的结论即推得式 (2).

下面再推导中矩形求积公式 (3). 将 $f(x)$ 在 $x = \frac{1}{2}(a+b)$ 处展开,

$$f(x) = f\left(\frac{a+b}{2}\right) + f'\left(\frac{a+b}{2}\right)\left(x - \frac{a+b}{2}\right) + \frac{1}{2}f''(\xi)\left(x - \frac{a+b}{2}\right)^2, \ \ \xi \in (a,b),$$

两边积分, 利用积分中值定理可得

$$\int_a^b f(x)\,\mathrm{d}x = (b-a)f\left(\frac{a+b}{2}\right) + f'\left(\frac{a+b}{2}\right)\int_a^b \left(x - \frac{a+b}{2}\right)\,\mathrm{d}x +$$

$$\frac{1}{2}\int_a^b f''(\xi)\left(x - \frac{a+b}{2}\right)^2\,\mathrm{d}x$$

$$= (b-a)f\left(\frac{a+b}{2}\right) + \frac{1}{24}f''(\eta)(b-a)^3, \quad \eta \in (a,b)$$

3. 设 $f(x) \in C^6[-1,1]$, $p(x)$ 为 $f(x)$ 的五次埃尔米特插值多项式, 它满足:

$$p(x_i) = f(x_i), \quad p'(x_i) = f'(x_i), \quad x_i = -1, 0, 1.$$

(1) 证明

$$\int_{-1}^1 p(x)\,\mathrm{d}x = \frac{7}{15}f(-1) + \frac{16}{15}f(0) + \frac{7}{15}f(1) + \frac{1}{15}f'(-1) - \frac{1}{15}f'(1).$$

(2) 证明求积公式

$$\int_{-1}^1 f(x)\,\mathrm{d}x \approx \frac{7}{15}f(-1) + \frac{16}{15}f(0) + \frac{7}{15}f(1) + \frac{1}{15}f'(-1) - \frac{1}{15}f'(1)$$

具有 5 次代数精度, 并推导误差.

(3) 对给定的区间 $[a,b]$, 作划分 $x_i = a + ih$, $i = 0, 1, \cdots, 2n$, $h = \dfrac{b-a}{2n}$, 利用 (2) 中的求积公式推导相应的复合求积公式及误差.

解: (1) 在埃尔米特插值多项式表达式中取 $x_0 = -1$, $x_1 = 0$, $x_2 = 1$, 则得

$$p(x) = [1 - 2l_0'(-1)(x+1)]l_0^2(x)f(-1) + [1 - 2l_1'(0)(x-0)]l_1^2(x)f(0) +$$

$$[1 - 2l_2'(1)(x-1)]l_2^2(x)f(1) + (x+1)l_0^2(x)f'(-1) +$$

$$(x-0)l_1^2(x)f'(0) + (x-1)l_2^2(x)f'(1).$$

两边积分, 并注意到

$$l_0(x) = \frac{1}{2}x(x-1), \quad l_1(x) = -(x+1)(x-1), \quad l_2(x) = \frac{1}{2}x(x+1),$$

$$l_0'(-1) = -\frac{3}{2}, \qquad l_1'(0) = 0, \qquad l_2'(1) = \frac{3}{2},$$

便得结果.

(2) 在余项公式中令 $n=2$, $p(x) = H_5(x)$, 便得

$$R_5(x) = f(x) - p(x) = \frac{f^{(6)}(\xi)}{6!}x^2(x-1)^2(x+1)^2,$$

从而知求积公式具有 5 次代数精度, 且误差

$$R[f] = \int_{-1}^{1} f(x)\,\mathrm{d}x - \int_{-1}^{1} p(x)\,\mathrm{d}x = \int_{-1}^{1} \frac{f^{(6)}(\xi)}{6!}x^2(x-1)^2(x+1)^2\,\mathrm{d}x,$$

利用积分中值定理 (注意到 $x^2(x-1)^2(x+1)^2$ 在区间 $[-1,1]$ 不变号), 我们得到

$$R[f] = \frac{1}{4725}f^{(6)}(\eta), \qquad \eta \in (-1,1).$$

(3)

$$I = \int_a^b f(x)\,\mathrm{d}x = \sum_{i=0}^{n-1} \int_{x_{2i}}^{x_{2i+2}} f(x)\,\mathrm{d}x.$$

对积分 $\displaystyle\int_{x_{2i}}^{x_{2i+2}} f(x)\,\mathrm{d}x$, 利用变换 $t = \frac{1}{h}(x - x_{2i+1})$ 将其化为 $[-1,1]$ 上的积分, 即

$$\int_{x_{2i}}^{x_{2i+2}} f(x)\,\mathrm{d}x$$

$$= h\int_{-1}^{1} f(x_{2i+1} + ht)\,\mathrm{d}t$$

$$\approx h\left(\frac{7}{15}f(x_{2i}) + \frac{16}{15}f(x_{2i+1}) + \frac{7}{15}f(x_{2i+2}) + \frac{1}{15}hf'(x_{2i}) - \frac{1}{15}hf'(x_{2i+2})\right).$$

这样便得复合求积公式

$$I = \sum_{i=0}^{n-1} \int_{x_{2i}}^{x_{2i+2}} f(x)\,\mathrm{d}x$$

$$\approx \sum_{i=0}^{n-1}\left[\frac{7}{15}hf(x_{2i}) + \frac{16}{15}hf(x_{2i+1}) + \frac{7}{15}hf(x_{2i+2}) + \frac{1}{15}h^2f'(x_{2i}) - \frac{1}{15}h^2f'(x_{2i+2})\right]$$

$$= \frac{7}{15}h\left[f(a) + 2\sum_{i=1}^{n-1}f(x_{2i}) + f(b)\right] + \frac{16}{15}h\sum_{i=0}^{n-1}f(x_{2i+1}) + \frac{1}{15}h^2[f'(a) - f'(b)],$$

误差为

$$R = \sum_{i=0}^{n-1}\frac{h^7}{4725}f^{(6)}(\eta_i) = \frac{(b-a)}{9450}h^6 f^{(6)}(\eta).$$

4. 设 $C_i^{(n)}$ 为牛顿–科茨系数, 证明关系式:

$$\sum_{i=0}^{n}C_i^{(n)} = 1.$$

证: 牛顿–科茨公式为

$$\int_a^b f(x)\mathrm{d}x = (b-a)\sum_{i=0}^{n}C_i^{(n)}f(x_i),$$

将 $f(x) = 1$ 代入, 由于代数精度至少为 0, 两边精确相等, 有

$$b - a = (b-a)\sum_{i=0}^{n}C_i^{(n)},$$

即证得结论.

5. 分别用复合梯形求积公式、复合辛普森公式计算下列积分, 并估计每种公式的误差:

(1) $\displaystyle\int_0^1 \mathrm{e}^x\,\mathrm{d}x, \quad n = 4;$ (2) $\displaystyle\int_{-1}^1 \sqrt{x + 1.5}\,\mathrm{d}x, \quad n = 2.$

解: (1) 利用 $n = 4$ 的复合梯形求积公式得

$$T_4 = \frac{1}{8}\left[f(0) + 2f\left(\frac{1}{4}\right) + 2f\left(\frac{1}{2}\right) + 2f\left(\frac{3}{4}\right) + f(1)\right]$$

$$= 1.727\,221\,905,$$

利用 $n = 4$ 的复合辛普森公式得

$$S_4 = \frac{1}{24}\left[f(0) + 4f\left(\frac{1}{8}\right) + 4f\left(\frac{3}{8}\right) + 4f\left(\frac{5}{8}\right) + 4f\left(\frac{7}{8}\right) + \right.$$

$$\left. 2f\left(\frac{1}{4}\right) + 2f\left(\frac{1}{2}\right) + 2f\left(\frac{3}{4}\right) + f(1)\right]$$

$$= 1.718\,284\,155.$$

与积分的精确值 $I = \mathrm{e} - 1 = 1.718\,281\,828\,459\,0\cdots$ 相比较, 分别得误差约为 $-0.008\,940\,076$ 及 $-0.000\,002\,326.$

(2) 利用 $n=2$ 的复合梯形求积公式

$$T_2 = \frac{1}{2}[f(-1) + 2f(0) + f(1)]$$

$$= 2.368\ 867\ 677,$$

利用 $n=2$ 的复合辛普森公式

$$S_2 = \frac{1}{6}\left[f(-1) + 4f\left(-\frac{1}{2}\right) + 4f\left(\frac{1}{2}\right) + 2f(0) + f(1)\right]$$

$$= 2.399\ 098\ 267$$

而积分的精确值为 $I = \frac{1}{6}(5\sqrt{10} - \sqrt{2}) = 2.399\ 529\ 123\cdots$，所以误差分别约为 $0.030\ 661\ 446$ 和 $0.000\ 430\ 855$.

6. 由主教材式 (6.23)，解答下列问题.

(1) 证明下列绪论成立

$$I - T_{2^k} \approx \left(\frac{1}{4}\right)^{k-m}(I - T_{2^m}), \quad k \geqslant m,$$

$$I - T_{2^k} \approx \frac{1}{3}\left(\frac{1}{4}\right)^{k-m}(T_{2^m} - T_{2^{m-1}}).$$

(2) 对于主教材例 6.2.2，取 $m=2$，利用上面 (1) 中第二个结论，以及 $T_4 - T_2$ 的值，说明 k 取何值才能保证误差不超过 $\frac{1}{3} \times 10^{-7}$，此结论与例 6.2.2 的结论有何不同？

(3) 对于复合辛普森公式，与上面 (1)、(2) 类似的结论是否成立？

解: (1) 取 $n = 2^{k-1}$，由主教材式 (6.23) 中第一式得

$$I - T_{2^k} \approx \frac{1}{4}(I - T_{2^{k-1}}),$$

递推即得第一个结论.

取 $n = 2^{k-1}$，由主教材式 (6.23) 中第二式得

$$I - T_{2^k} \approx \frac{1}{3}(T_{2^k} - T_{2^{k-1}}),$$

代入上面已证的第一个结论，即得第二个结论.

(2) 令 $m = 2$，由 (1) 中的第二个结论得

$$I - T_{2^k} \approx \frac{1}{3}\left(\frac{1}{4}\right)^{k-2}(T_4 - T_2),$$

由主教材表 6-6 中的数据得

$$T_4 - T_2 = T_{2^2} - T_{2^1} = 0.944\ 513\ 5 - 0.939\ 793\ 3 = 0.004\ 720\ 2.$$

再令

$$\frac{1}{3}\left(\frac{1}{4}\right)^{k-2} \times 0.004\,720\,2 \leqslant \frac{1}{3} \times 10^{-7},$$

可推得 $k \geqslant 9.76$. 所以 k 至少取 10 才能保证误差不会超过 $\frac{1}{3} \times 10^{-7}$.

(3) 由主教材定理 6.2.1,

$$S_n - I = a_1 h^4 + a_2 h^6 + \cdots$$

以及

$$S_{2n} = a_1\left(\frac{h}{2}\right)^4 + a_2\left(\frac{h}{2}\right)^6 + \cdots,$$

从而得

$$I - S_{2n} \approx \frac{1}{16}(I - S_n)$$

以及

$$I - S_{2n} \approx \frac{1}{15}(S_{2n} - S_n).$$

所以与 (1) 类似的, 有以下结论:

$$I - S_{2^k} \approx \left(\frac{1}{16}\right)^{k-m}(I - S_{2^m}), k \geqslant m,$$

$$I - S_{2^k} \approx \frac{1}{15}\left(\frac{1}{16}\right)^{k-m}(S_{2^m} - S_{2^{m-1}}).$$

7. 若 $f(x)$ 在区间 $[a,b]$ 上 Riemann 可积. 证明: 当 $h \to 0$ 时, 6.1.4 小节中的复合中点公式 M_n、复合梯形求积公式 T_n 和复合辛普森公式 S_n 均收敛于积分 $\int_a^b f(x)\mathrm{d}x$.

证: 以复合中点公式 (6.16) 为例加以说明, 其他公式的证明方法类似. 考虑求积分的一个分割:

$$a = x_0 < x_1 < \cdots < x_n = b,$$

由定积分 (Riemann 积分) 定义, 令 $\Delta x_i = x_{i+1} - x_i$, 则任意取点 $\xi_i \in [x_i, x_{i+1}](i = 0, 1, \cdots, n-1)$, 和式

$$\lim_{n \to \infty} \sum_{i=0}^{n-1} f(\xi_i)\Delta x_i = \int_a^b f(x)\mathrm{d}x.$$

特别取 $\Delta x_i = h, \xi_i = x_{i+\frac{1}{2}} = \frac{1}{2}(x_i + x_{i+1})$, 则有

$$\lim_{n \to \infty} \sum_{i=0}^{n} f(x_{i+\frac{1}{2}})h = \int_a^b f(x)\mathrm{d}x.$$

从而当 n 较大时,

$$\int_a^b f(x)\mathrm{d}x \approx \sum_{i=0}^{n} f(x_{i+\frac{1}{2}})h.$$

8. 试分别用下列方法计算积分 $\int_1^3 \frac{1}{x}\mathrm{d}x$:

(1) 三点勒让德–高斯公式及五点勒让德–高斯公式;

(2) 龙贝格积分法.

解: (1) 先将积分区间 $[1,3]$ 变为标准区间 $[-1,1]$. 令 $x = t + 2$, 得

$$\int_1^3 \frac{\mathrm{d}x}{x} = \int_{-1}^1 \frac{1}{t+2}\,\mathrm{d}t.$$

利用三点勒让德–高斯公式有

$$\int_{-1}^1 \frac{1}{t+2}\,\mathrm{d}t$$

$$\approx 0.555\,555\,6 \times \left(\frac{1}{2+0.774\,596\,7} + \frac{1}{2-0.774\,596\,7}\right) + 0.888\,888\,9 \times \frac{1}{2}$$

$$= 1.098\,039\,283,$$

利用五点勒让德–高斯公式有

$$\int_{-1}^1 \frac{1}{t+2}\,\mathrm{d}t$$

$$\approx 0.236\,926\,9 \times \left(\frac{1}{2-0.906\,179\,8} + \frac{1}{2+0.906\,179\,8}\right) +$$

$$0.478\,628\,9 \times \left(\frac{1}{2-0.538\,469\,3} + \frac{1}{2+0.538\,469\,3}\right) + 0.568\,888\,9 \times \frac{1}{2}$$

$$= 1.098\,609\,289.$$

(2) 令 $f(x) = \frac{1}{x}$, $a = 1$, $b = 3$, $n = 3$. 用龙贝格积分法 (二分三次) 得表 6-1 中的结果.

表 6-1

T_{2k}	T_{2k-1}	T_{2k-2}
1.333 333 33	1.111 111 11	1.099 259 26
1.166 666 67	1.100 000 00	
1.116 666 67		

所以 $R_{3,3} = 1.099\,259\,26$, 实际误差 $= \ln 3 - R_{3,3} = -6.469\,714 \times 10^{-4}$.

9. 用切比雪夫–高斯公式计算积分 $(n = 4)$:

$$I = \int_{-1}^1 \frac{\mathrm{d}x}{\sqrt{1-x^4}},$$

准确值 $I = 2.622\,057\,554\,292\,13\cdots$.

解: 令 $f(x) = \dfrac{1}{\sqrt{1+x^2}}$, 利用切比雪夫–高斯公式, $n = 4$, $\omega_i = \dfrac{\pi}{5}$, $x_i = \cos\dfrac{2i+1}{10}\pi$,

$$\int_{-1}^{1} \frac{\mathrm{d}x}{\sqrt{1-x^4}} = \int_{-1}^{1} \frac{f(x)}{\sqrt{1-x^2}}\,\mathrm{d}x \approx \sum_{i=0}^{4} \omega_i f(x_i) \approx 2.622\,250.$$

10. 用泰勒展开 e^{-x^2} 的方法求积分 $\displaystyle\int_0^1 \mathrm{e}^{-x^2}\,\mathrm{d}x$, 要求计算精度为 10^{-4}.

　　解:

$$\mathrm{e}^{-x^2} = 1 - x^2 + \frac{x^4}{2!} - \frac{x^6}{3!} + \cdots + (-1)^n \frac{x^{2n}}{n!} + \cdots,$$

两边积分得

$$\int_0^1 \mathrm{e}^{-x^2}\,\mathrm{d}x \approx 1 - \frac{1}{3} + \frac{1}{10} - \frac{1}{42} + \frac{1}{216} - \frac{1}{1320} + \frac{1}{9360}$$

$$\approx 0.746\,8,$$

误差 $|R_7| \leqslant \dfrac{1}{15 \times 7!} = \dfrac{1}{75\,600} < 1.5 \times 10^{-5}$.

11. 分别利用变量代换和泰勒展开方法计算积分 $\displaystyle\int_0^1 \frac{\mathrm{d}x}{(4-x)\sqrt{x}}$, 要求计算精度为 10^{-4}.

　　解: 作变换 $t = \sqrt{x}$,

$$\int_0^1 \frac{\mathrm{d}x}{(4-x)\sqrt{x}} = 2\int_0^1 \frac{\mathrm{d}t}{4-t^2} = \int_{-1}^{1} \frac{\mathrm{d}t}{4-t^2},$$

再用切比雪夫–高斯公式

$$I \approx \sum_{i=0}^{n} \omega_i f(x_i),$$

分别取 $n = 2,3,4$ 得计算值 I, 由题目要求得积分的近似值 $I \approx 0.549\,3$.

　　将函数 $\dfrac{1}{4-x}$ 展开成泰勒级数

$$\frac{1}{4-x} = \frac{1}{4\left(1-\dfrac{x}{4}\right)} = \frac{1}{4}\left(1 + \frac{x}{4} + \frac{x^2}{4^2} + \frac{x^3}{4^3} + \cdots\right),$$

从而

$$\int_0^1 \frac{\mathrm{d}x}{(4-x)\sqrt{x}} = \int_0^1 \frac{1}{4}\left(x^{-\frac{1}{2}} + \frac{1}{4}x^{\frac{1}{2}} + \frac{1}{4^2}x^{\frac{3}{2}} + \frac{1}{4^3}x^{\frac{5}{2}} + \cdots\right)\mathrm{d}x$$

$$= \frac{1}{4}\left(2 + \frac{1}{4} \times \frac{2}{3} + \frac{1}{4^2} \times \frac{2}{5} + \frac{1}{4^3} \times \frac{2}{7} + \cdots\right),$$

误差 $|R_n| \leqslant \dfrac{1}{4} \dfrac{2}{(n+1)} \dfrac{\left(\dfrac{1}{4}\right)^n}{1-\dfrac{1}{4}} = \dfrac{2}{3(2n+1)4^n}$, 取 $n=5$, 得 $|R_5| \leqslant 5.9 \times 10^{-5}$, 积分的近

似值 $I \approx 0.549\,25$.

12. 分别用拉盖尔–高斯求积公式和埃尔米特–高斯求积公式计算下列积分.

$$(1)\ \int_0^\infty \frac{x\mathrm{e}^{-x}}{x+2}\,\mathrm{d}x, \quad n=4; \qquad\qquad (2)\ \int_{-\infty}^{+\infty} \frac{1}{x^2+1}\mathrm{e}^{-x^2}\,\mathrm{d}x, \quad n=4.$$

解: (1) 利用拉盖尔–高斯求积公式, 有

$$\begin{aligned}
\int_0^\infty \frac{x\mathrm{e}^{-x}}{x+2}\,\mathrm{d}x ={}& 0.521\,756 \times \frac{0.263\,560}{0.263\,560+2} + 0.398\,667 \times \frac{1.413\,403}{1.413\,403+2} + \\
& 0.075\,942 \times \frac{3.596\,425}{3.596\,425+2} + 0.003\,612 \times \frac{7.085\,810}{7.085\,810+2} + \\
& 0.000\,023 \times \frac{12.640\,801}{12.640\,801+2} \\
={}& 0.277\,468.
\end{aligned}$$

实际上真值 $I = 0.277\,342\,766\,2\cdots$.

(2) 利用埃尔米特–高斯求积公式, 有

$$\begin{aligned}
\int_{-\infty}^{+\infty} \frac{1}{x^2+1}\mathrm{e}^{-x^2}\,\mathrm{d}x ={}& 0.019\,953 \times \frac{1}{(-2.020\,183)^2+1} + 0.019\,953 \times \frac{1}{2.020\,183^2+1} + \\
& 0.393\,519 \times \frac{1}{(-0.958\,572)^2+1} + 0.393\,519 \times \frac{1}{0.958\,572^2+1} + \\
& 0.945\,309 \times \frac{1}{0^2+1} \\
={}& 1.363\,322.
\end{aligned}$$

实际上真值 $I = 1.343\,293\,421\,646\,735\,170\,4\cdots$.

13. 已知等式

$$\int_{-\infty}^{+\infty} \mathrm{e}(-x^2)\cos x\,\mathrm{d}x = \sqrt{\pi}\mathrm{e}\left(-\frac{1}{4}\right).$$

借助这个等式, 完成下列 2 个问题.

(1) 用截断积分区间方法, 计算等式左端的积分.

$$\int_{-\infty}^{+\infty} \mathrm{e}(-x^2)\cos x\,\mathrm{d}x \approx \int_{-M}^{+M} \mathrm{e}(-x^2)\cos x\,\mathrm{d}x,$$

M 为某个正数, 再分别取 $M = 10, 20, 50$, 用复合辛普森公式计算积分的近似值并估计误差;

(2) 用四点埃尔米特–高斯公式计算等式左端的积分, 并估计误差.

解: (1) 编写复合辛普森公式的程序如下.

```
function ex613
    format long g
    X = [ ];
    for M = [ 10 20 50 ],
        for n = [ 10 100 1000 ],
            x = linspace(-M,M,n+1);
            c = 2 * ones(1,n+1);
            c(2:2:n) = 4;
            c([1 end]) = 1;
            v = f(x);
            s = sum(c.*v) / sum(c) * 2 * M;
            X = [ X; [ M n s] ];
        end
    end
    X


function v = f(x)
    v = exp(-x.^2) .* cos(x);
```

运行后可得表 6-2 所示的结果.

表 6-2

M	10	20	50
$n = 10$	2.646 340 953 870 17	5.333 332 941 024 54	13.333 333 333 333 3
$n = 100$	1.380 388 447 043 14	1.380 383 757 264 99	1.186 221 069 866 42
$n = 1000$	1.380 388 447 043 14	1.380 388 447 043 14	1.380 388 447 043 14

真值为 $\sqrt{\pi}\mathrm{e}\left(-\dfrac{1}{4}\right) = 1.380\ 388\ 447\ 043\ 14\cdots$. 可以算出, 当 $n = 1000$ 时, 对应 $M = 10, 20, 50$ 的积分近似值都有 10^{-15} 量级的误差; 当 $n = 100$ 时, 对应 $M = 10, 20, 50$ 的积分近似值误差分别有 $10^{-15}, 10^{-6}, 10^{-1}$ 量级的误差; 而当 $n = 10$ 时, 所有积分近似值误差都非常大.

(2) 用四点埃尔米特–高斯公式求解如下:

$$\int_{-\infty}^{+\infty} \mathrm{e}^{-x^2} \cos x \mathrm{d}x = 0.019\ 953 \times \cos(-2.020\ 183) + 0.019\ 953 \times \cos 2.020\ 183+$$

$$0.393\ 519 \times \cos(-0.958\ 572) + 0.393\ 519 \times \cos 0.958\ 572+$$

$$0.945\ 309 \times \cos 0$$

$$= 1.380\ 276.$$

利用真值, 该近似值误差量级为 10^{-4}, 该误差略大于 (1) 中 $M = 20$ 时的误差.

14. 验证高斯型求积公式

$$\int_0^\infty \mathrm{e}^{-x} f(x)\,\mathrm{d}x \approx \omega_0 f(x_0) + \omega_1 f(x_1)$$

的拉盖尔–高斯点及高斯系数分别为

$$x_0 = 2 - \sqrt{2}, \quad \omega_0 = \frac{1}{4}(2 + \sqrt{2}),$$

$$x_1 = 2 + \sqrt{2}, \quad \omega_1 = \frac{1}{4}(2 - \sqrt{2}).$$

解: 分别将 $f(x) = 1, x, x^2, x^3$ 代入, 验证求积公式两边相等即可.

15. 构造高斯型求积公式

$$\int_0^1 \frac{f(x)}{1 + x^2}\,\mathrm{d}x \approx \omega_0 f(x_0) + \omega_1 f(x_1),$$

并计算积分 $\displaystyle\int_0^1 \frac{\sin x}{1 + x^2}\,\mathrm{d}x,\ \int_0^1 \frac{\mathrm{e}^{-x}}{1 + x^2}\,\mathrm{d}x.$

解: 分别令 $f(x) = 1, x, x^2, x^3$, 然后代入求积公式, 得非线性方程组:

$$\begin{cases} \omega_0 \ + \ \omega_1 \ = \displaystyle\int_0^1 \frac{1}{1 + x^2}\,\mathrm{d}x = A_0, \\[2mm] x_0\omega_0 + x_1\omega_1 = \displaystyle\int_0^1 \frac{x}{1 + x^2}\,\mathrm{d}x = A_1, \\[2mm] x_0^2\omega_0 + x_1^2\omega_1 = \displaystyle\int_0^1 \frac{x^2}{1 + x^2}\,\mathrm{d}x = A_2, \\[2mm] x_0^3\omega_0 + x_1^3\omega_1 = \displaystyle\int_0^1 \frac{x^3}{1 + x^2}\,\mathrm{d}x = A_3. \end{cases}$$

其中 $A_0 = \dfrac{\pi}{4}$, $A_1 = \dfrac{1}{2}\ln 2$, $A_2 = 1 - \dfrac{\pi}{4}$, $A_3 = \dfrac{1}{2}(1 - \ln 2)$. 第三式乘 x_1 减去第四式, 第二式乘 x_1 减去第三式, 第一式乘 x_1 减去第二式, 分别得

$$\begin{cases} (x_1 - x_0)\omega_0 = A_0 x_1 - A_1, \\ (x_1 - x_0)x_0\omega_0 = A_1 x_1 - A_2, \\ (x_1 - x_0)x_0{}^2\omega_0 = A_2 x_1 - A_3. \end{cases}$$

从第二式、第三式中消去 $(x_1 - x_0)x_0\omega_0$, 从第一式、第二式中消去 $(x_1 - x_0)\omega_0$, 得

$$\begin{cases} A_1(x_0 + x_1) - A_0 x_0 x_1 = A_2, \\ A_2(x_0 + x_1) - A_1 x_0 x_1 = A_3. \end{cases}$$

上面的式子可看成关于 $x_0 + x_1$, $x_0 x_1$ 的线性代数方程组, 解出

$$\begin{cases} x_0 + x_1 = \dfrac{A_1 A_2 - A_0 A_3}{A_1^2 - A_0 A_2}, \\[3mm] x_0 x_1 = \dfrac{A_2^2 - A_1 A_3}{A_1^2 - A_0 A_2}, \end{cases}$$

从而解得

$$\begin{cases} x_0 = \dfrac{1}{2} \dfrac{1}{A_1^2 - A_0 A_2} \Big[A_1 A_2 - A_0 A_3 - \\[4mm] \qquad \sqrt{(A_1 A_2 - A_0 A_3)^2 - 4(A_1^2 - A_0 A_2)(A_2^2 - A_1 A_3)} \Big], \\[4mm] x_1 = \dfrac{1}{2} \dfrac{1}{A_1^2 - A_0 A_2} \Big[A_1 A_2 - A_0 A_3 + \\[4mm] \qquad \sqrt{(A_1 A_2 - A_0 A_3)^2 - 4(A_1^2 - A_0 A_2)(A_2^2 - A_1 A_3)} \Big]. \end{cases}$$

将 $A_i (i = 0, 1, 2, 3)$ 的值代入得 $x_0 = 0.758\,539\,074$, $x_1 = 0.193\,785\,467$, $\omega_0 = 0.344\,176\,359$, $\omega_1 = 0.441\,221\,804$. 最后可计算出两个积分的近似值分别为 $0.321\,714$ 和 $0.524\,689$.

16. 分别用复合辛普森公式 $(m = n = 4)$ 及勒让德-高斯公式 $(m = n = 4)$ 计算下列积分：

(1) $\displaystyle\int_3^4 \int_1^2 \dfrac{1}{(x+y)^2}\,\mathrm{d}y\mathrm{d}x;$　　　　(2) $\displaystyle\int_0^1 \int_1^2 \dfrac{\sin(x^2 + y^2)}{1 + 0.5x + 0.5y}\,\mathrm{d}y\mathrm{d}x.$

解: (1) 对于复合辛普森公式, 令 $\omega_i = \dfrac{1}{12}, \dfrac{4}{12}, \dfrac{2}{12}, \dfrac{4}{12}, \dfrac{1}{12}$, $x_i = 3 + \dfrac{i}{4}$, $y_i = 1 + \dfrac{i}{4}$,

$$I \approx (4-3)(2-1) \sum_{i=0}^4 \sum_{j=0}^4 \dfrac{\omega_i \omega_j}{(x_i + y_j)^2} = 0.040\,822\,374\,18.$$

对于勒让德-高斯积分, 首先将积分化为标准区间上的积分. 令 $u = 2x - 7$, $v = 2y - 3$, 得

$$I = \int_{-1}^1 \int_{-1}^1 \dfrac{1}{(u + v + 10)^2}\,\mathrm{d}u\,\mathrm{d}v.$$

然后利用 $m = 4$ 的勒让德-高斯公式 (查主教材表 6-7 得)

$$I \approx \sum_{i=0}^4 \sum_{j=0}^4 \dfrac{\omega_i \omega_j}{(u_i + v_j + 10)^2} = 0.040\,821\,998\,10,$$

其中 ω_i 和 $u_i = v_i$ 都从主教材表 6-7 查得. 其真值 $I = 0.040\,821\,994\,586\,99\cdots$.

(2) 对于复合辛普森公式, 令 ω_i 同 (1) 中设置的值, $x_i = 0 + \dfrac{i}{4}$, $y_i = 1 + \dfrac{i}{4}$,

$$I \approx (4-3)(2-1) \sum_{i=0}^4 \sum_{j=0}^4 \omega_i \omega_j \dfrac{\sin(x_i^2 + y_j^2)}{1 + 0.5x_i + 0.5y_j} = 0.184\,694\,41.$$

对于勒让德–高斯积分, 做变换 $u = 2x - 1$, $v = 2y - 3$, 得

$$I = \int_{-1}^{1} \int_{-1}^{1} \frac{\sin\left(\left(\frac{u+1}{2}\right)^2 + \left(\frac{v+3}{2}\right)^2\right)}{u + v + 8}\, du\, dv.$$

然后利用 $m = 4$ 的勒让德–高斯公式 (查主教材表 6-7 得)

$$I \approx \sum_{i=0}^{4} \sum_{j=0}^{4} \omega_i \omega_j \frac{\sin\left(\left(\frac{u_i+1}{2}\right)^2 + \left(\frac{v_j+3}{2}\right)^2\right)}{(u_i + v_j + 8)^2} = 0.184\,050\,84,$$

其中 ω_i 和 $u_i = v_i$ 同 (1) 中的值. 其真值 $I = 0.184\,050\,987$.

事实上, 关于累加形式 $\sum_i \sum_j \omega_i \omega_j f(x_i, x_j)$, 可以用如下方式计算 (以 (2) 中的复合辛普森公式为例):

```
>> x = linspace(0,1,5);
>> y = linspace(1,2,5);
>> w = [1 4 2 4 1]'/12
>> [X,Y] = meshgrid(x,y);
>> w'*(sin(X.^2+Y.^2)./(1+0.5*X+0.5*Y))*w
ans =
    1.846944068968949e-001
```

17. 设已知函数 $f(x) = \dfrac{1}{(1+x)^2}$ 的数据 (见表 6-3), 试用三点公式计算 $f'(x)$ 在 $x = 1.0$, 1.1, 1.2 处的近似值, 并估计误差.

表 6-3

x	1.0	1.1	1.2
$f(x)$	0.250 0	0.226 8	0.206 6

解: 三点公式为

$$f'(x_0) = \frac{1}{2h}[-3f(x_0) + 4f(x_1) - f(x_2)] + \frac{h^2}{3}f'''(\xi_0),$$

$$f'(x_1) = \frac{1}{2h}[-f(x_0) + f(x_2)] - \frac{h^2}{6}f'''(\xi_1),$$

$$f'(x_2) = \frac{1}{2h}[f(x_0) - 4f(x_1) + 3f(x_2)] + \frac{h^2}{3}f'''(\xi_2).$$

而

$$|f'''(\xi)| \leqslant \max_{1.0 \leqslant \xi \leqslant 1.2} \frac{4!}{(1+\xi)^5} = 0.75,$$

从而得相应的导数的近似值和理论误差限, 见表 6-4. 实际误差为导数的精确值与三点公式计算值之间的差.

表 6-4

x	1.0	1.1	1.2
三点公式计算值	−0.247 92	−0.216 94	−0.185 96
导数精确值	−0.250 00	−0.215 96	−0.187 83
理论误差限	0.002 50	0.001 25	0.002 50
实际误差	0.002 08	0.000 98	0.001 87

18. 用泰勒展开方法证明二阶导数的三点数值求导公式

$$f''(x_1) \approx \frac{1}{h^2}[f(x_0) - 2f(x_1) + f(x_2)]$$

的截断误差是 $O(h^2)$.

证: 利用泰勒展开

$$f(x_0) = f(x_1 - h) = f(x_1) - hf'(x_1) + \frac{h^2}{2}f''(x_1) - \frac{h^3}{3!}f'''(x_1) + \frac{h^4}{4!}f^{(4)}(\xi_1),$$

$$f(x_2) = f(x_1 + h) = f(x_1) + hf'(x_1) + \frac{h^2}{2}f''(x_1) + \frac{h^3}{3!}f'''(x_1) + \frac{h^4}{4!}f^{(4)}(\xi_2),$$

所以

$$\frac{1}{h^2}[f(x_0) - 2f(x_1) + f(x_2)] = f''(x_1) + \frac{h^2}{4!}[f^{(4)}(\xi_1) + f^{(4)}(\xi_2)],$$

即截断误差为 $O(h^2)$.

也可以利用插值法, 构造埃尔米特插值问题如下:

$$H(x_0) = f(x_0) = f_0,$$

$$H(x_1) = f(x_1) = f_1, \quad H'(x_1) = f'(x_1) = f_1',$$

$$H(x_2) = f(x_2) = f_2.$$

利用基函数方法 (或其他方法) 可得

$$f(x) = H(x) + R(x)$$

$$= f_0 + \frac{f_1 - f_0}{h}(x - x_0) + \frac{1}{h}\left(f_1' - \frac{f_1 - f_0}{h}\right)(x - x_0)(x - x_1) +$$

$$\frac{1}{2h^2}\left(\frac{f_2 - f_1}{h} + \frac{f_1 - f_0}{h} - 2f_1'\right)(x - x_0)(x - x_1)^2 +$$

$$\frac{f^{(4)}(\xi)}{4!}(x - x_0)(x - x_1)^2(x - x_2).$$

对上式求二阶导数, 令 $x = x_1$ 有

$$f''(x_1) = \frac{2}{h}\left(f_1' - \frac{f_1 - f_0}{h}\right) + \frac{1}{2h^2}\left(\frac{f_2 - f_1}{h} + \frac{f_1 - f_0}{h} - 2f_1'\right)(2h) +$$

$$\frac{f^{(4)}(\xi)}{4!}(-2h^2)$$

$$= \frac{1}{h^2}(f_0 - 2f_1 + f_2) - \frac{1}{12}h^2 f^{(4)}(\xi).$$

因此, 截断误差为 $O(h^2)$.

§6.2 数值实验六

1. 利用等式

$$\pi = 4\int_0^1 \frac{1}{1+x^2}\mathrm{d}x$$

计算圆周率 π. 要求误差小于 10^{-8}.

(1) 用复合辛普森公式计算;

(2) 用龙贝格积分法计算;

(3) 推导复合三点勒让德–高斯公式, 并进行圆周率的计算.

解: 编程如下:

```
function [p1,p2,p3] = ex61
    a   = 0;
    b   = 1;
    m   = 2;
    t(1) = 0.5*(b-a)*(f(a)+f(b));
    t(2) = 0.5*t(1) + 0.5*(b-a)*f((a+b)/2);
    s(1) = ( 4*t(2)-t(1) ) / 3 ;
    j    = 2;
%% t,s,c,r 存放龙贝格积分各列的值,
%%          t梯形积分, s辛普森积分
    while abs(t(j)-t(j-1)) > (0.5e-8/4),
        h   = (b-a)/m;
        k   = 0:(m-1);
        j   = j + 1;
        t(j)= 0.5*t(j-1) + 0.5 * h * sum(f(a+(k+1/2)*h));
        s(j-1) = ( 4*t(j)-t(j-1) ) / 3 ;
        c(j-2) = (16*s(j-1)-s(j-2) ) / 15 ;
        if  j>3,
            r(j-3) = (64*c(j-2)-c(j-3) ) / 63 ;
        end
```

```
        m  = m * 2;
    end
    p1 = 4 * s(end);
    p2 = 4 * r(end);
%% 复合三点勒让德-高斯公式
    w  = [5 8 5]/9;
    x  = [-sqrt(15) 0 sqrt(15)]/5;
    n  = 5;
    p3 = 0;
    for j=0:n-1,
        g = (j+0.5)/n + 0.5/n * x;   % 高斯节点
        p3 = p3 + f(g)*w'/(2*n);     % 高斯积分
    end
    p3 = p3*4;


function v = f(x)
    v = 1./(1+x.^2);
```

其中, 复合辛普森公式和龙贝格积分法的返回值为p1和p2, 复合高斯积分的返回值为p3.
运行结果如下:

```
>> [p1,p2,p3]=ex51
p1 =
        3.14159265358979
p2 =
        3.14159265358979
p3 =
        3.14159265168714
```

复合三点高斯公式推导如下: 设 (ω_i, z_i) 是勒让德-高斯积分的系数和节点, $\omega_{1,2,3} = \dfrac{5}{9}, \dfrac{8}{9}, \dfrac{5}{9}$ 和 $z_{1,2,3} = -\dfrac{\sqrt{15}}{9}, 0, \dfrac{\sqrt{15}}{9}$. 对于一般的积分区间 $[a,b]$, 令 $t = \dfrac{2}{b-a}\left(x - \dfrac{a+b}{2}\right)$, 有

$$\int_a^b f(x)\mathrm{d}x = \int_{-1}^1 f\left(\frac{b-a}{2}t + \frac{a+b}{2}\right)\mathrm{d}t = \sum_{i=0}^3 \omega_i f\left(\frac{b-a}{2}z_i + \frac{a+b}{2}\right).$$

因此, 若区间 $[a,b]$ 上有 m 个等距节点 $x_i = a + ih$, $h = \dfrac{b-a}{m}$, 则

$$\int_a^b f(x)\mathrm{d}x = \sum_{i=0}^{m-1} \int_{x_i}^{x_{i+1}} f(x)\mathrm{d}x$$

$$= \sum_{i=0}^{m-1} \sum_{j=3}^{n} \omega_j f\left(\frac{h}{2}z_j + x_i + \frac{h}{2}\right).$$

2. 计算积分 $I = \int_0^{\pi/4} \sqrt{4 - \sin^2 x}\,\mathrm{d}x(I \approx 1.534\,391\,97)$. 要求误差小于 10^{-6}.

解: 利用数值实验题 1 的程序, 只需修改上限b, 精度以及最后的p1、p2和p3都不需要乘 4. 同时修改函数f, 可得如下程序:

```
function [p1,p2,p3] = ex62
    a = 0;
    b = pi/4;
    m = 2;
    t(1) = 0.5*(b-a)*(f(a)+f(b));
    t(2) = 0.5*t(1) + 0.5*(b-a)*f((a+b)/2);
    s(1) = ( 4*t(2)-t(1) ) / 3 ;
    j = 2;
%% t,s,c,r 存放龙贝格积分各列的值,
%%         t梯形积分, s辛普森积分
    while abs(t(j)-t(j-1)) > (0.5e-6),
        h = (b-a)/m;
        k = 0:(m-1);
        j = j + 1;
        t(j)= 0.5*t(j-1) + 0.5 * h * sum(f(a+(k+1/2)*h));
        s(j-1) = ( 4*t(j)-t(j-1) ) / 3 ;
        c(j-2) = (16*s(j-1)-s(j-2) ) / 15 ;
        if j>3,
            r(j-3) = (64*c(j-2)-c(j-3) ) / 63 ;
        end
        m = m * 2;
    end
    p1 = s(end);
    p2 = r(end);
%% 复合三点勒让德-高斯公式
    w = [5 8 5]/9;
    x = [-sqrt(15) 0 sqrt(15)]/5;
    n = 5;
    p3 = 0;
    for j=0:n-1,
        g = (j+0.5)/n + 0.5/n * x;  % 高斯节点
        p3 = p3 + f(g)*w'/(2*n);       % 高斯积分
```

```
        end
        p3 = p3;
function v = f(x)
        v = sqrt(4-sin(x).^2);
```

运行结果如下:

```
>> [p1,p2,p3]=ex52
p1 =
        1.53439197142228
p2 =
        1.53439197142225
p3 =
        1.92975290871108
```

3. 分别对 $n = 1, 2, \cdots, 50$ 应用牛顿–科茨公式计算积分

$$\int_{-5}^{5} \frac{1}{x^2 + 1} \mathrm{d}x$$

的值 (精确值为 $2 \arctan 5$), 并观察 R_n 随 n 的变化情况. 求积公式是否收敛? 请说明理由.

解: 直接计算牛顿–科茨系数并不方便, 我们采用下面的方式. 给定 n 个等距节点, 在这 n 个等距节点上的牛顿–科茨公式计算出的值等于这些节点上的插值多项式的积分值. 若插值多项式为

$$p(x) = a_0 + a_1 x + a_2 x^2 + \cdots + a_n x^n = \sum_{k=0}^{n} a_k x^k,$$

则它在区间 $[a, b]$ 上的积分等于

$$\int_a^b p(x)\mathrm{d}x = \int_a^b \sum_{k=0}^{n} a_k x^k \mathrm{d}x = \sum_{k=0}^{n} \frac{a_k}{k+1} \left(b^{k+1} - a^{k+1} \right).$$

这样, 我们有如下程序:

```
function ex63
    warning off;
    f = inline('1./(1+x.^2)');
    a = -5;
    b = 5;
    t = quadl(f,a,b,1e-10);
    for n = 1:50,
        x = linspace(a,b,n+1);
        p = polyfit(x,f(x),n);
```

```
    q = n+1:-1:1;
    s = ( b.^q - a.^q ) ./ q;
    v = p*s';
    e(n) = abs(v-t);
  end
  semilogy(1:50,e,'ro');
```

运行后, 可得图 6-1 所示的误差图形.

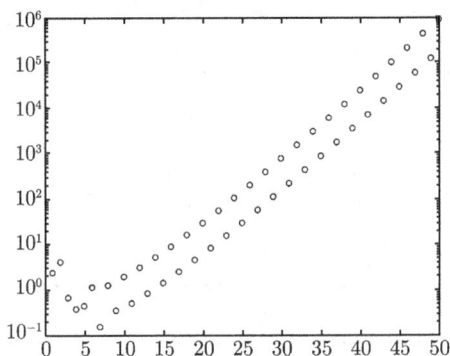

图 6-1

从图 6-1 中可以得到如下几个事实: (1) 积分并不随着 n 增大而减小; (2) 积分误差在 $n = 7$ 时达到最小; (3) 积分误差在 $n \geqslant 7$ 时根据 n 是奇数和偶数分为两个单调递增序列, 其对数呈现均匀增长, 产生该现象的原因是插值多项式本身不收敛于函数.

4. 当 $\alpha = 0, 1, 2, 3, 4$ 时, 仿照主教材例 6.1.4, 分别使用复合梯形求积公式和复合辛普森公式编程求积分 $\displaystyle\int_0^1 |x|^{\alpha + \frac{3}{5}} \mathrm{d}x$, 求积公式是否收敛? 收敛速度分别是什么? 请说明理由.

解: 由复合梯形求积公式 (6.17) 和复合辛普森公式 (6.18), 分别取 $\alpha = 0, 1, 2, 3, 4$ 和 $n = 2^k$ ($k = 0, 1, \cdots, 8$), 得到如下误差估计, 表 6-5 和表 6-6 分别为复合梯形求积公式和复合辛普森公式的误差数据, 程序如下:

```
function [RT,RS] = ex64(alpha)
  f = @(x,alpha)abs(x).^(alpha+3/5);
  v = quadl(f,-1,1,1e-16,0,alpha);
  a = -1;
  b =  1;
  h = b-a;
  t(1) = 0.5*h*( f(a,alpha) + f(b,alpha) );
%% t 梯形积分    s 辛普森积分
  n = 10;
  for k = 2:n
```

```
    h    = h/2;
    t(k) = 0.5*t(k-1) + h*sum( f(a+h:2*h:b-h,alpha) );
    s(k-1) = ( 4*t(k)-t(k-1) ) / 3 ;
end
RT = abs(t(1:n-1)-v)';
RS = abs(s-v)';
```

表 6-5

n	$R_T(\alpha=0)$	$R_T(\alpha=1)$	$R_T(\alpha=2)$	$R_T(\alpha=3)$	$R_T(\alpha=4)$
1	0.1250	0.1154	0.2222	0.2826	0.3214
2	0.0451	0.0303	0.0547	0.0738	0.0920
4	0.0159	0.0078	0.0136	0.0187	0.0237
8	0.0055	0.0020	0.0034	0.0047	0.0060
16	0.0019	5.0719e-4	8.4672e-4	0.0012	0.0015
32	6.3319e-4	1.2769e-4	2.1162e-4	2.9295e-4	3.7429e-4
64	2.1277e-4	3.2181e-5	5.2900e-5	7.3241e-5	9.3584e-4
128	7.1164e-5	8.0786e-6	1.3225e-5	1.8310e-5	2.3397e-5
256	2.3719e-5	2.0244e-6	3.3061e-6	4.5776e-6	5.8462e-6

表 6-6

n	$R_S(\alpha=0)$	$R_S(\alpha=1)$	$R_S(\alpha=2)$	$R_S(\alpha=3)$	$R_S(\alpha=4)$
1	0.0185	0.0020	0.0012	0.0043	0.0156
2	0.0061	3.3697e-4	1.1152e-4	2.8517e-4	9.4951e-4
4	0.0020	5.6405e-5	1.0264e-5	1.8656e-5	5.8743e-5
8	6.6747e-4	9.3563e-6	9.1386e-7	1.2010e-6	3.6575e-6
16	2.2019e-4	1.5465e-6	7.9587e-8	7.6515e-8	2.2828e-7
32	7.2636e-5	2.5529e-7	6.8275e-9	4.8423e-9	1.4261e-8
64	2.3961e-5	4.2121e-8	5.7956e-10	3.0513e-10	8.9116e-10
128	7.9042e-6	6.9481e-9	4.8828e-11	1.9173e-11	5.5695e-11
256	2.6074e-6	1.1461e-9	4.0913e-12	1.2025e-12	3.4809e-12

5. 已知二十世纪美国人口的统计数据 (单位为百万) 如表 6-7 所示.

表 6-7

年份 (年)	1900	1910	1920	1930	1940	1950	1960	1970	1980	1990
人口 (百万)	76.0	92.0	106.5	123.2	131.7	150.7	179.3	204.0	226.5	251.4

试分别用两点微分公式和三点微分公式计算二十世纪美国人口的年增长率.

解: 以 t_i 代表年份, $x(t_i)$ 代表该年份的人口数, 则有两点微分公式,

$$x'(t_i) = \frac{x(t_{i+1}) - x(t_i)}{t_{i+1} - t_i},$$

可得表 6-8 中的结果.

表 6-8

年份 (年)	1900	1910	1920	1930	1940	1950	1960	1970	1980	1990
年增长 (百万)	1.600	1.450	1.670	0.850	1.900	2.860	2.470	2.250	2.490	2.490
年增长率	0.021	0.016	0.016	0.007	0.014	0.019	0.014	0.011	0.011	0.010

如采用三点公式,

$$x'(t_i) = \frac{-3x(t_{i-1}) + 4x(t_i) - x(t_{i+1})}{t_{i+1} - t_{i-1}},$$

可得表 6-9 中的结果.

表 6-9

年份 (年)	1900	1910	1920	1930	1940	1950	1960	1970	1980	1990
年增长 (百万)	1.675	1.340	2.080	0.325	1.420	3.055	2.580	2.130	2.14	2.61
年增长率	0.022	0.015	0.020	0.003	0.011	0.020	0.014	0.010	0.009	0.010

其中, 表 6-9 最后两列的数据由另外的三点微分公式给出, 即主教材的式 (6.56). 程序如下:

```
t = 1900:10:1990;
x = [76.0 92.0 106.5 123.2 131.7 150.7 179.3 204.0 226.5 251.4];
% 2-point formula
p = diff(x) ./ diff(t);
v = p ./ x(1:end-1);
fprintf('%4d %6.3f %6.3f\n',[t;p p(end); v p(end)/x(end)]);
fprintf('\n\n\n');
% 3-point formula
p = (-3 * x(1:end-2) + 4 * x(2:end-1) - x(3:end)) / 20;
v = p ./ x(1:end-2);
p2 = (x(end-3:end-2) - 4 * x(end-2:end-1) + 3*x(end-1:end)) / 20;
v2 = p2 ./ x(end-1:end);
p = [ p p2 ];
v = [ v v2 ];
fprintf('%4d %6.3f %6.3f\n',[t; p; v]);
```

6. 分别取样本数 $N = 100, 100\,0, 100\,00$, 用蒙特卡罗模拟求积法计算积分

$$\left(\frac{1}{\sqrt{2\pi}}\right)^2 \int_{-\infty}^{+\infty} \int_{-\infty}^{+\infty} e^{-\frac{x_1^2 + x_2^2}{2}} \frac{1}{1 + x_1^2 + x_2^2} \mathrm{d}x_1 \mathrm{d}x_2.$$

解: 分别取 $(\xi_i, \eta_i) \in N(0, 1, 0, 1, 0)$, 即二维独立正态分布样本, 则有

$$
\begin{aligned}
I &= \left(\frac{1}{\sqrt{2\pi}}\right)^2 \int_{-\infty}^{+\infty} \int_{-\infty}^{+\infty} e^{-\frac{x_1^2 + x_2^2}{2}} \frac{1}{1 + x_1^2 + x_2^2} \mathrm{d}x_1 \mathrm{d}x_2 \\
&\approx \boldsymbol{E}_{(\xi,\eta) \in N(0,1,0,1,0)} \left[\frac{1}{1 + \xi^2 + \eta^2}\right] \\
&\approx \frac{1}{N} \sum_{i=1}^{N} \frac{1}{1 + \xi_i^2 + \eta_i^2} = I_N.
\end{aligned}
$$

编写程序如下:

```
function v = ex66(N)
    f = @(x1,x2) 1./(1+x1.^2+x2.^2);
    d = randn(N,2);
    v = mean( f(d(:,1),d(:,2)) );
```

分别取 $N = 100, 100\,0, 100\,00$, 计算结果如下:

N	100	100 0	100 00
I_N	0.494 6	0.464 4	0.461 7

7. 用下面所给的步骤求解积分方程

$$\int_0^1 (x^2 + s^2)^{1/2} u(s)\mathrm{d}s = \frac{(x^2+1)^{3/2} - x^3}{3}, \quad x \in [0,1].$$

(1) 将区间 $[0,1]$ 等距离散: $0 = x_0 < x_1 < \cdots < x_n = 1$, 并设 $u(x_i) \approx u_i$ ($i = 0, 1, \cdots, n$), 记 $\boldsymbol{U} = (u_0, u_1, \cdots, u_n)^{\mathrm{T}}$.

(2) 对每一个节点 x_i, 由积分方程可得

$$\int_0^1 (x_i^2 + s^2)^{1/2} u(s)\mathrm{d}s = \frac{(x_i^2+1)^{3/2} - x_i^3}{3}, \quad i = 0, 1, \cdots, n,$$

再用复合辛普森公式离散上式左端的积分, 从而得线性代数方程组 $\boldsymbol{AU} = \boldsymbol{Y}$, 其中 $\boldsymbol{A}$ 为一个 $(n+1) \times (n+1)$ 矩阵. 求解此方程组, 并考察当 $n = 4, 8, 16, 32$ 时近似解 u_i 与精确解 $u(x) = x$ 的误差变化规律, 误差定义为 $e_n = \max\limits_{0 \leqslant i \leqslant n} |u(x_i) - u_i|$.

(3) 计算上面方程组系数矩阵的条件数, 考察条件数与 n 的关系.

解: 由于积分方程对所有 x 成立, 令 $x = x_i$, 有

$$\int_0^1 (x_i^2 + s^2)^{1/2} u(s)\mathrm{d}s = \frac{(x_i^2+1)^{3/2} - x_i^3}{3}, \quad i = 0, 1, 2, \cdots, n.$$

则向量 $\boldsymbol{Y} = (y_0, y_1, \cdots, y_n)^{\mathrm{T}}$, 其中 $y_i = \dfrac{(x_i^2+1)^{3/2} - x_i^3}{3}$. 设复合辛普森公式为

$$\int_0^1 f(s)\mathrm{d}s = \sum_{i=0}^n \omega_i h f(s_i),$$

其中, $h = 2/n$, $\omega = (\omega_i) = \left(\dfrac{1}{6}, \dfrac{4}{6}, \dfrac{2}{6}, \dfrac{4}{6}, \dfrac{2}{6}, \cdots, \dfrac{4}{6}, \dfrac{1}{6}\right)^{\mathrm{T}}$. 对上面方程左端求数值积分, 有

$$\sum_{j=0}^n \omega_j h (x_i^2 + s_j^2)^{1/2} u_j = \frac{(x_i^2+1)^{3/2} - x_i^3}{3}, \quad i = 0, 1, 2, \cdots, n.$$

因此得到线性代数方程组 $\boldsymbol{AU} = \boldsymbol{Y}$, 其中, $\boldsymbol{U} = (u_0, u_1, \cdots, u_n)^{\mathrm{T}}$, $\boldsymbol{Y}$ 如上所述, 矩阵 $\boldsymbol{A} = (a_{ij})$, 且 $a_{ij} = \omega_j h (x_i^2 + s_j^2)^{1/2}$.

编程如下:

```
function exjf
    warning off;
    fprintf('  n      cond_num      max_error        \n');
    for n = 2.^(2:5),
        x = [ linspace(0,1,n+1) ]';              % nodes, also the solution
        y = ( (x.^2+1).^(3/2) - x.^3 ) / 3; % right hand side
        d = ones(n+1,1) * 2/6;
        d(2:2:n) = 4/6;
        d([1 n+1]) = 1/6;
        d = d / n * 2;                           % integral weight omega_i
        [X,S] = meshgrid(x);
        A = (X.^2+S.^2).^(1/2);                  % EQUATION: A*diag(d)*x == y
        u = (A\y)./d;                            % numerical solution u
        fprintf('%3d %13.6e %13.6f\n',n,cond(A),norm(u-x,inf));
        plot(x,u)                                % numerical solution plot
        pause
    end
```

运行结果如下:

```
>> exjf
  n      cond_num      max_error
  4 1.506568e+004      0.099311
  8 4.521167e+008      1.475252
 16 8.781522e+016   1512.437082
 32 2.824248e+018  14792.732454
```

可以看到, 随着 n 增大系数矩阵的条件数增长非常快, 方程解的精确度急剧下降. 如图 6-2 所示是 $n = 4$ 时解的图像.

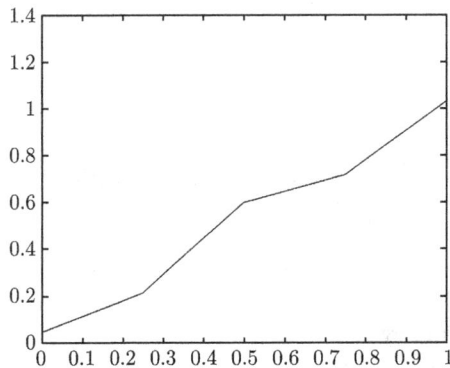

图 6-2

8. 在每一个离散节点 $a = x_0 < x_1 < \cdots < x_n < x_{n+1}$ 上分别采用两点公式 (6.52) 和两点公式 (6.53) 离散微分方程初值问题

$$\begin{cases} y' = f(x,y), & x > a, \\ y(a) = y_0 \end{cases}$$

中的导数 y', 从而推导出求解微分方程初值问题的两个不同的计算格式——显式格式和隐式格式, 分别说明其计算步骤. 用导出的显式格式编程计算下面问题的公式:

$$\begin{cases} y' = 0.3y(1-y), & x \in (0, 20), \\ y(0) = 0.3. \end{cases}$$

解: 设将求解区间离散为 $a = x_0 < x_1 < x_2 < \cdots < x_N$, 对应的函数值分别为 $y_0, y_1, y_2, \cdots, y_N$. 则在任一点 x_i 处有 $y'(x_i) = f(x_i, y_i)$. 若用两点公式 (6.52)

$$y'(x_i) \approx \frac{y_{i+1} - y_i}{x_{i+1} - x_i},$$

则有

$$y_{i+1} \approx y_i + (x_{i+1} - x_i)y'(x_i) = y_i + (x_{i+1} - x_i)f(x_i, y_i), \quad i = 0, 1, 2, \cdots, N-1.$$

若用两点公式 (6.53)

$$y'(x_{i+1}) \approx \frac{y_{i+1} - y_i}{x_{i+1} - x_i},$$

则有

$$y_{i+1} \approx y_i + (x_{i+1} - x_i)y'(x_{i+1}) = y_i + (x_{i+1} - x_i)f(x_{i+1}, y_{i+1}), \quad i = 0, 1, 2, \cdots, N-1.$$

后者变量 y_{i+1} 含在函数 f 内, 称为隐式格式. 相应地, 前者称为显式格式.

下面的程序用显式格式求解微分方程.

```
function y = ex68(f,x,y0)
    y(1) = y0;
    for i = 1:length(x)-1
        y(i+1) = y(i) + (x(i+1)-x(i)) * feval(f,x(i),y(i));
    end
    plot(x,y,'r-');
```

例如, 求解问题

$$\begin{cases} y' = 0.3y(1-y), & x \in (0, 20), \\ y(0) = 0.3 \end{cases}$$

可以如下调用

```
>> f = @(x,y) 0.3*y*(1-y);
>> y = ex68(f,0:0.1:20,0.3).
```

第 7 章　非线性方程求解

§7.1　习　题　七

1. 设方程 $10 - 2x - \cos x = 0$ 的迭代格式为 $x = \frac{1}{2}(10 - \cos x)$，说明对于任意初值此迭代收敛，并估计要求近似解具有 10 位有效数字时大约要迭代多少步.

解：令

$$\phi(x) = \frac{1}{2}(10 - \cos x),$$

由于对任意的 $x \in \mathbb{R}$ 有 $\phi(x) \in [9/2, 11/2] = [4.5, 5.5]$ 成立，且 $|\phi'(x)| = \dfrac{|\sin x|}{2} \leqslant$

$L = \dfrac{1}{2}$ 对一切 $x \in [4.5, 5.5]$ 成立. 根据主教材不动点迭代定理 7.2.1，对 $[4.5, 5.5]$ 内任意初值，此迭代都必收敛于唯一不动点. 容易看到，对于任意的初值 x_0，经过一次迭代后有 $x_1 = \frac{1}{2}(10 - \cos x_0) \in [4.5, 5.5]$，因此迭代对任意初值收敛. 根据收敛估计不等式

$$|x_k - x^*| \leqslant \frac{L^k}{1 - L}|x_1 - x_0|,$$

其中 x^* 为精确值，若取初值为 $x_0 = 0$，则有 $x_1 = 4.5$ 且

$$|x_k - x^*| \leqslant \frac{(1/2)^k}{1/2} \times |4.5 - 0| = \frac{9}{2^k},$$

为了使近似解具有 10 位有效数字，需要满足

$$\frac{9}{2^k} < 10^{-10},$$

解得 $k > 36.3892$，取整数得 $k = 37$，即大约要迭代 37 步.

2. 试证明，对于任意初值 x_0，迭代格式 $x_{k+1} = \cos x_k$ 都收敛于方程 $x = \cos x$ 的同一实数解.

证：对一切 $x \in [-1, 1]$，函数 $\cos x$ 连续可导，$\cos x \in [\cos 1, 1] \subset [-1, 1]$，且 $|\cos' x| = |\sin x| \leqslant \sin 1 < 1$ 对一切 $x \in [-1, 1]$ 成立. 由主教材不动点迭代定理 7.2.1 知，方程 $x = \cos x$ 在 $[-1, 1]$ 上有唯一实数解，且对于 $[-1, 1]$ 上的任意初值，此迭代格式都收敛于该实数解. 容易看到对于任意的初值 x_0，经过一次迭代后 $x_1 = \cos x_0 \in [-1, 1]$. 因此对于任意的初值 x_0，此迭代格式也都收敛于同一实数解.

3. 方程 $x^3 - 2x - 2 = 0$ 在 2 附近有一实数解，把方程写成下面的等价形式，并建立相应的迭代格式：

(1) $x = \sqrt[3]{2x + 2}$;

(2) $x = \frac{1}{2}(x^3 - 2)$;

(3) $x = \dfrac{2}{x^2 - 2}$.

试判别它们的收敛性. 选取一个最有效的迭代格式进行计算.

解: 令 $f(x) = x^3 - 2x - 2$, $g_1(x) = \sqrt[3]{2x+2}$, $g_2(x) = \dfrac{1}{2}(x^3 - 2)$, $g_3(x) = \dfrac{2}{x^2 - 2}$. 则 $f(1.6) = -1.104 < 0$, $f(2) = 2 > 0$. 因此方程的有解区间为 $[1.6, 2]$. 设 3 个等价形式相应的迭代公式为 $x_{k+1} = g_i(x_k)$. 对任何 $x \in [1.6, 2]$, 有

$$
\begin{aligned}
|g_1'(x)| &= \left| \frac{1}{3} \times \frac{1}{\sqrt[3]{(2x+2)^2}} \right| < 0.12 < 1, \\
|g_2'(x)| &= \frac{3}{2}x^2 > \frac{3}{2} > 1, \\
|g_3'(x)| &= \frac{|4x|}{(x^2 - 2)^2} \geqslant 1.6 > 1,
\end{aligned}
$$

所以, 用 $g_1(x)$ 迭代时收敛, 用 $g_2(x)$ 或 $g_3(x)$ 迭代时不收敛. 用 MATLAB 写好 $g_1(x)$ 的函数文件, 将其保存为g1.m.

```
function y = g1(x)
    y = (2*x + 2)^(1/3);
```

使用如下命令:

```
>> x1 = 2;
   x2 = g1(x1);
   while abs(x2 - x1)>1e-5,
       x1 = x2;
       x2 = g1(x1);
   end
   x2
```

得到方程的近似根为 $x_2 = 1.769\,3$.

4. 将 $x = \tan x$ 化为合适的迭代格式, 求解 $x = 4.5$ 附近的解.

解: 令 $f(x) = x - \tan x$, 由于 $f(4.5) < 0$, $f(4.4) > 0$, 因此方程的有解区间为 $[4.4, 4.5]$. 又因为反函数和原函数有相同的不动点, 我们考虑 $\tan x$ 在 4.5 附近的反函数 $g(x) = \arctan x + \pi$. 对于 $x \in [4.4, 4.5]$, 我们有

$$
|g'(x)| = \left| \frac{1}{1 + x^2} \right| < 0.5 < 1,
$$

因此迭代格式 $x_{k+1} = g(x_k)$ 收敛. 用 MATLAB 写好 $g(x)$ 的函数文件, 将其保存为g.m.

```
function y = g(x)
    y = atan(x) + pi;
```

使用如下命令:

```
>> x1 = 4.5;
   x2 = g(x1);
   while abs(x2 - x1)>1e-5,
       x1 = x2;
       x2 = g(x1);
   end
   x2
```

得到方程的近似解为 $x_2 = 4.493\,4$.

5. 求解下面的不动点方程, 若其迭代格式不收敛, 请加以改造, 给出一个收敛的迭代格式:

(1) $x = \dfrac{1}{4}(\sin x + \cos x)$;

(2) $x = 4 - x^2$;

(3) $x = 2\tan x$.

解: (1) 令 $g_1(x) = \dfrac{1}{4}(\sin x + \cos x)$. 由于

$$|g_1'(x)| \leqslant \frac{1}{4} + \frac{1}{4} = \frac{1}{2} < 1,$$

且对于任意 $x \in \left[-\dfrac{1}{2}, \dfrac{1}{2}\right]$, $g(x) \in \left[-\dfrac{1}{2}, \dfrac{1}{2}\right]$, 方程在 $\left[-\dfrac{1}{2}, \dfrac{1}{2}\right]$ 中有一个解. 因此迭代格式 $x_{k+1} = g_1(x_k)$ 收敛. 取初值为 0, 便可得如下的迭代序列:

  0, 0.25, 0.304 1, 0.313 4, 0.314 9, 0.315 1, 0.315 2, 0.315 2, $\cdots$.

因此方程的近似解可取为 0.315 2.

(2) 容易知道方程的两个解分别在区间 $[-2, -3]$ 和 $[1, 2]$ 中. 在这两个区间内, 函数 $4 - x^2$ 的导数的绝对值为 $|2x| > 1$, 因此迭代格式 $x_{k+1} = 4 - x_k^2$ 均不收敛. 令 $g_2(x) = \sqrt{4 - x}$, 对于区间 $[-2, -3]$ 和 $[1, 2]$ 中的任何 x, 我们有

$$|g_2'(x)| = \left|\frac{1}{2\sqrt{4-x}}\right| < \frac{1}{2} < 1,$$

因此对于区间 $[-2, -3]$, 迭代格式 $x_{k+1} = -g_2(x_k)$ 收敛; 对于区间 $[1, 2]$, 迭代格式 $x_{k+1} = g_2(x_k)$ 收敛. 对这两个迭代格式, 分别取初值为 1.5 和 -2.5, 便可得如下的两个迭代序列:

  1.5, 1.581 1, 1.555 3, 1.563 6, 1.560 9, 1.561 8, 1.561 5, 1.561 6,$\cdots$;

  -2.5, $-2.549 5$, $-2.559 2$, $-2.561 1$, $-2.561 5$, $-2.561 5$, $\cdots$.

因此方程的近似解可取为 1.561 6 和 -2.561 5.

(3) 显然迭代格式 $x_{k+1} = 2\tan x_k$ 不收敛. 该方程有无数个解, 设某个非零解附近的反函数表达式为

$$g_3(x) = \arctan\frac{x}{2} + k\pi, \quad k \neq 0.$$

由于反函数和原函数有相同的不动点, 因此我们改用等价的迭代格式 $x_{k+1} = g_3(x_k)$. 对于任何只包含此解 (不含其他解) 的闭区间 $[a, b]$,

$$|g_3'(x)| = \left| \frac{4}{4+x^2} \right| \leqslant \frac{4}{4+(\min\{|a|,|b|\})^2} < 1,$$

因此此迭代格式收敛. 例如, 当 $k=1$ 时, 取初值 3, 可以得到如下迭代序列:

$$3.000\,0, 4.124\,4, 4.260\,9, 4.273\,5, 4.274\,7, 4.274\,8 \cdots\cdots$$

6. 求解下面的非线性方程在区间 $[2,3]$ 中的解, 精确到 4 位小数:

$$x\cos x + 2 = 0.$$

解: 令 $f(x) = \cos x + \dfrac{2}{x}$. 因为 $f(2) > 0$, $f(3) < 0$, $f(x)$ 在区间 $[2,3]$ 上连续, 所以 $f(x)$ 在区间 $[2,3]$ 上有一个解, 可用二分法求此近似解. 编写二分法程序和求解的函数如下:

```
function x = bisect(f,a,b,tol)
% find the zero of f in interval [a,b]
%       with f(a),f(b) having different signs
% Usage x = bisect(f,a,b,tol)
   if nargin<4,       tol = 1e-5;
     if nargin<3,     b = a(2); a = a(1);
         if nargin<2, error('too few input!!');
         end; end; end
   fa = feval(f,a);
   fb = feval(f,b);
   if abs(fa)<tol,
     x = a; return;
   elseif abs(fb)<tol,
     x = b; return;
   elseif sign(fb)==sign(fa),
     error('f has the same signs at a and b!!');
   end
   while abs(b-a)>tol,
     t  = a/2 + b/2;
     ft = feval(f,t);
     if abs(ft)<tol,
         x = t; return;
     elseif sign(ft)==sign(fb),
         fb = ft;     b = t;
     elseif sign(ft)==sign(fa),
         fa = ft;     a = t;
     end
   end
```

```
    x = (b+a)/2;
% end of bisect
```

编写函数如下：

```
function y = fun(x)
    y = cos(x) + 2/x;
```

调用命令如下：

```
>> x = bisect(@fun,2,3,1e-4)
```

求得方程的解为 $x = 2.498\,8$.

7. 若用牛顿法求解方程 $f(x) = \sin(x^3) = 0$, 效果如何? 你有什么用来加速的方法?

解: 方程 $f(x) = \sin(x^3) = 0$ 的解为 $x = \sqrt[3]{k\pi}$, k 为整数. 易知, 只有 $x = 0$ 是三重解, 其他解皆为单个解. 用牛顿法求解 0 之外的解都有二阶收敛性. 下面分析求解三重解 (即 0 解) 的方法.

设 $\varphi(x) = x - \dfrac{\sin(x^3)}{3x^2 \cos(x^3)}$, 牛顿法为 $x_{k+1} = \varphi(x_k)$, 则

$$\varphi'(x) = 1 - \frac{[3x^2 \cos(x^3)]^2 - [6x \cos(x^3) - 9x^4 \sin(x^3)]\sin(x^3)}{[3x^2 \cos(x^3)]^2}.$$

则有

$$\lim_{x \to 0} \varphi'(x) = 1 - \left(1 - \frac{2}{3}\right) = \frac{2}{3}.$$

因此, 若令 $\bar{\varphi}(x) = x - 3\dfrac{\sin(x^3)}{3x^2 \cos(x^3)}$, 容易计算出 $\lim\limits_{x \to 0} \bar{\varphi}'(x) = 0$. 而且, $x = \bar{\varphi}(x)$ 和 $x = \varphi(x)$ 有相同的不动点. 该方法也可以推广到其他重数的重解的情形, 仅需要改变 $\bar{\varphi}(x)$ 之前的系数.

此外, 若 x^* 为 $f(x) = 0$ 的重解, 则 x^* 是 $f(x)/f'(x) = 0$ 的单个解. 因此, 也可以把牛顿法应用在方程 $f(x)/f'(x) = 0$ 上.

8. 求解方程 $f(x) = 0$ 的 Halley (哈雷) 方法如下:

$$x_{n+1} = x_n - \frac{f_n f'_n}{(f'_n)^2 - (f_n f''_n)/2},$$

其中, $f_n = f(x_n)$. 说明这个公式是把牛顿法应用在 $f(x)/\sqrt{f'(x)} = 0$ 上得到的. 编程实现该方法.

解: 令 $g(x) = f(x)/\sqrt{f'(x)}$, 则根据牛顿法迭代公式, 我们有

$$\begin{aligned}
x_{n+1} &= x_n - \frac{g(x_n)}{g'(x_n)} \\
&= x_n - \frac{f_n}{\sqrt{f'_n}} \cdot \frac{f'_n}{(f'_n \sqrt{f'_n} - f_n f''_n/2\sqrt{f'_n})} \\
&= x_n - \frac{f_n f'_n}{(f'_n)^2 - (f_n f''_n)/2},
\end{aligned}$$

此即 Halley 方法的迭代公式. 因此这个公式是把牛顿法应用在 $f(x)/\sqrt{f'(x)} = 0$ 上得到的. 我们编写其程序如下:

```
function [x,fx,it] = halley(x0,f,g,h,maxit,tol)
% Solve f(x)==0 by Halley method,
% Usage [x,fx,it] = halley(x0,f,g,h,maxit,tol)
% f,g,h are the function, and the 1st and 2nd derivatives of f
    if nargin<6,        tol = 1e-4;
        if nargin<5,    maxit = 100;
            if nargin<4, error('too few input!!');
            end; end; end;
    x      = x0;
    fx     = feval(f,x);
    for it = 1 : maxit,
        gx = feval(g,x);
        hx = feval(h,x);
        d  = fx * gx / (gx^2 - (fx * hx)/2);
        xn = x - d;
        fn = feval(f,xn);
        if abs(d)<tol,
            disp('Halley iteration successes!!');
            return;
        end
        x = xn;
        fx = fn;
    end
    disp('Halley iteration fails!!');
% end of halley
```

9. 求出多项式 $p(x) = 63x^5 - 70x^3 + 15x - 1$ 在区间 $[-1,1]$ 中的所有实数解.

解: 首先, 用较多的离散点测试区间 $[-1,1]$ 中较小的有解区间, 然后对每个有解区间用牛顿法或割线法求解. 割线法程序编写如下:

```
function test79
    a  = -1;
    b  = +1;
    p  = [ 63 0 -70 0 15 -1];
    h  = 0.01;
    x  = a:h:b;
    xl = x( diff(sign( polyval(p,x) ))~=0 );
    ep = 1e-10;
```

```
fprintf('solutions are: \n');
for k = 1:length(xl),
    xold  = xl(k);      fold = polyval(p,xold);
    xnew  = xold + h;  fnew = polyval(p,xnew);
    convg = 0;
    while ~convg,
        xt    = xnew - fnew / (fnew-fold) * (xnew-xold);
        xold  = xnew;
        fold  = fnew;
        xnew  = xt;
        fnew  = polyval(p,xt);
        convg = [ abs(fnew)<ep ];
    end
    fprintf('%16.10f with func value %16.10f\n', xnew,fnew);
end
```

求得方程的 5 个实数解为 $x_1 = -0.886\,0$, $x_2 = -0.588\,9$, $x_3 = 0.068\,1$, $x_4 = 0.483\,8$, $x_5 = 0.922\,9$.

10. 用牛顿法或弦截法计算方程 $f(x) = 3x^3 - 8x^2 - 8x - 11 = 0$ 的某个近似解, 使误差具有精度 1×10^{-4}.

    解: 容易知道方程在区间 $[3,4]$ 上有唯一解, $f(3) < 0$, $f(4) > 0$. 取初值 $x_0 = 3.5$, 牛顿法的迭代公式为

    $$x_{k+1} = x_k - \frac{3x_k^3 - 8x_k^2 - 8x_k - 11}{9x_k^2 - 16x_k - 8}.$$

    迭代序列为

    3.5,　3.681 081 081 081 08,　3.666 761 340 462 88,　3.666 666 670 790 54,

    3.666 666 666 666 67.

    因此, 方程的近似解为 3.666 666 666 666 67.

    割线法的迭代公式为

    $$x_{k+2} = x_{k+1} - \frac{f(x_{k+1})}{\left(f(x_{k+1}) - f(x_k)\right) / (x_{k+1} - x_k)}.$$

    取初值 $x_0 = 3.5, x_1 = 4$, 迭代序列为

    3.5,　4,　3.642 553 191 489 36,　3.663 325 541 535 74,　3.666 704 086 155 71,

    3.666 666 609 075 95,　3.666 666 666 665 68,　3.666 666 666 666 67.

    得到相同的近似解.

11. 求解下面的非线性方程组, 取初值 $\boldsymbol{x}_0 = (0.8, 0.4)^{\mathrm{T}}$:

$$\begin{cases} 3x_1^2 - x_2^2 = 0, \\ 3x_1x_2^2 - x_1^3 - 1 = 0. \end{cases}$$

解: 用牛顿法来求解. 向量形式的牛顿法迭代公式如下:

$$\boldsymbol{x}^{(k+1)} = \boldsymbol{x}^{(k)} - [\boldsymbol{F}'(\boldsymbol{x}^{(k)})]^{-1}\boldsymbol{F}(\boldsymbol{x}^{(k)}),$$

其中,

$$\boldsymbol{F}(\boldsymbol{x}) = \begin{pmatrix} 3x_1^2 - x_2^2 \\ 3x_1x_2^2 - x_1^3 - 1 \end{pmatrix},$$

$$\boldsymbol{F}'(\boldsymbol{x}) = \begin{pmatrix} 6x_1 & -2x_2 \\ 3x_2^2 - 3x_1^2 & 6x_1x_2 \end{pmatrix}.$$

迭代序列为: $(0.8, 0.4)^{\mathrm{T}}$, $(0.492\,9, 0.757\,1)^{\mathrm{T}}$, $(0.500\,7, 0.875\,2)^{\mathrm{T}}$, $(0.500\,0, 0.866\,0)^{\mathrm{T}}$, $(0.500\,0, 0.866\,0)^{\mathrm{T}}$. 因此, 经过 5 步迭代得到方程的近似解为 $\boldsymbol{x} = (0.500\,0, 0.866\,0)^{\mathrm{T}}$.

12. 求解下面的非线性方程组

$$\begin{cases} x^3 - x^2 - 10x - y - 2 = 0, \\ 2y^2 - x - 4y - 1 = 0. \end{cases}$$

解: 设变量 $\boldsymbol{z} = (z_1, z_2)^{\mathrm{T}} = (x, y)^{\mathrm{T}}$, 用牛顿法迭代:

$$\boldsymbol{z}^{(k+1)} = \boldsymbol{z}^{(k)} - [\boldsymbol{F}'(\boldsymbol{z}^{(k)})]^{-1}\boldsymbol{F}(\boldsymbol{z}^{(k)}).$$

其中,

$$\boldsymbol{F}(\boldsymbol{z}) = \begin{pmatrix} z_1^3 - z_1^2 - 10z_1 - z_2 - 2 \\ 2z_2^2 - z_1 - 4z_2 - 1 \end{pmatrix},$$

$$\boldsymbol{F}'(\boldsymbol{z}) = \begin{pmatrix} 3z_1^2 - 2z_1 - 10 & -1 \\ -1 & 4z_2 - 4 \end{pmatrix}.$$

取不同的初值迭代, 可以得到不同的解 (精度为 4 位小数), 见表 7-1.

表 7-1

初始点	$(-3, 1)^{\mathrm{T}}$	$(-2, 2)^{\mathrm{T}}$	$(0, 2)^{\mathrm{T}}$	$(4, 3)^{\mathrm{T}}$	$(0, 0)^{\mathrm{T}}$	$(4, 0)^{\mathrm{T}}$
解 $z_1 = x$	$-2.542\,7$	$-2.471\,2$	$-0.441\,2$	$3.890\,9$	$-0.185\,4$	$3.749\,6$
解 $z_2 = y$	$0.521\,8$	$1.514\,2$	$2.131\,1$	$2.856\,2$	$-0.186\,3$	$-0.837\,1$
迭代步数	9	5	4	4	4	5

若取其他初值, 得到的结果可能不同, 也就是说, 初值的选取会影响到求解方程时收敛到哪一个解, 以及需要多少迭代步数. 例如, 取初值 $\boldsymbol{z}_0 = (100, 100)^{\mathrm{T}}$, 经过 13 步迭代得到 $\boldsymbol{z}^* = (3.890\,9, 2.856\,2)^{\mathrm{T}}$.

13. 用二分法、不动点迭代方法、牛顿法、割线法等求解下面各个问题, 并列表比较各方法的性能.

(1) $x^5 - 3x - 10 = 0$;   (2) $\sin 10x + 2\cos x - x - 3 = 0$;

(3) $x + \arctan x = 3$;   (4) $(x + 2)\ln(x^2 + x + 1) + 1 = 0$.

解: 修改并利用习题 6 的二分法程序、习题 9 的割线法程序、自行编写一个不动点迭代程序和牛顿法程序, 即可实现几个不同的方法, 所有方法的程序及计算过程整理如下.

首先, 给出每个方程的有解区间. 第一个方程的有解区间为 $[1,2]$. 对于第二个方程, 令 $f_2(x) = \sin 10x + 2\cos x - x - 3$, 则 $f_2(-2\pi) = 2\pi - 1 > 0$, $f_2(-\pi) = \pi - 5 < 0$, 有解区间为 $[-2\pi, -\pi]$. 对于第三个方程, 令 $f_3(x) = x + \arctan x - 3$, 则 $f_3(1) = 1 + \dfrac{\pi}{4} - 3 < 0$, $f_3(3) = \arctan 3 > 0$, 有解区间为 $[1,3]$. 对于第四个方程, 令 $f_4(x) = (x+2)\ln(x^2+x+1) + 1$, 则 $f_4(-2) = 1 > 0$, $f_4(-3) = -\ln 7 + 1 < 0$, 有解区间为 $[-3, -2]$.

其次, 给出每个方程的不动点迭代方法. 假设分别为

$$x_{k+1} = \sqrt[5]{3x_k + 10},$$
$$x_{k+1} = \sin 10x_k + 2\cos x_k - 3,$$
$$x_{k+1} = 3 - \arctan x_k,$$
$$x_{k+1} = -\frac{1}{\ln(x_k^2 + x_k + 1)} - 2.$$

计算结果见表 7-2, 它们由随后的 MATLAB 程序给出.

表 7-2

问题	二分法	不动点迭代方法	牛顿法	割线法
数 (1) 的解	1.722 6	1.722 6	1.722 6	1.722 6
数 (1) 的迭代步数	20	5	4	7
数 (2) 的解	−4.091 3	−1.077 3	−4.091 3	−4.091 3
数 (2) 的迭代步数	22	78	16	9
数 (3) 的解	1.911 3	1.911 3	1.911 3	1.911 3
数 (3) 的迭代步数	21	8	2	4
数 (4) 的解	−2.607 2	−2.607 2	−2.607 2	−2.607 2
数 (4) 的迭代步数	20	10	3	5

注意到第二个方程的不动点迭代方法收敛到区间外的解 -1.0773. 所有计算过程都写在下面的 MATLAB 代码中:

```
function test713
    a   = [ 1 -2*pi 1 -3];
    b   = [ 2  -pi 3 -2];
    tol = 1e-6;
    maxit = 100;
    fprintf('  ===   Solution and Iteration  Numbers  ===\n');
    fprintf('  PROB  BISECT  FIXEDPOINT  NEWTON  SECANT\n');
    fprintf('  ------------------------------------------\n');
    for np = 1:4,
        a1 = a(np);
        b1 = b(np);
        [x1,it1] = bisect(np, a1, b1, maxit, tol);
        [x2,it2] = fixpnt(np, (a1+b1)/2, maxit, tol);
```

```
        [x3,it3] = newton(np, (a1+b1)/2, maxit, tol);
        [x4,it4] = secant(np, a1, b1, maxit, tol);
        fprintf('%6d '      ,np);
        fprintf('    %8.4f',x1,x2,x3,x4);
        fprintf('\n         ');
        fprintf('%10d',it1,it2,it3,it4);
        fprintf('\n');
    end

function [x,it] = bisect(np, a, b, maxit, tol)
    fa = testf(a,np);
    fb = testf(b,np);
    it = 0;
    while abs(b-a)>tol,
        it = it + 1;
        x = a/2+b/2;
        fx = testf(x,np);
        if sign(fx)==sign(fa),
            a = x; fa = fx;
        else
            b = x; fb = fx;
        end
    end

function [x,it] = fixpnt(np, a, maxit, tol)
switch np,
    case 1,
        phi = inline('(3*x+10)^(1/5)');
    case 2,
        phi = inline('sin(10*x)+2*cos(x)-3');
    case 3,
        phi = inline('3-atan(x)');
    case 4,
        phi = inline('-2-1/log(x^2+x+1)');
end
    it = 0;
    x  = phi(a);
    while it<=maxit & abs(x-a)>tol,
        it = it + 1;
```

```
        a  = x;
        x  = phi(a);
    end

function [x,it] = newton(np, a, maxit, tol)
    it = 0;
    x  = a;
    [f,g] = testf(x,np);
    while it<=maxit & abs(f)>tol,
        it = it + 1;
        x  = x - g\f;
        [f,g] = testf(x,np);
    end

function [x,it] = secant(np, a, b, maxit, tol)
    it = 0;
    xo = a;
    x  = b;
    fo = testf(xo,np);
    f  = testf(x,np);
    while it<=maxit & abs(f)>tol,
        it = it + 1;
        xt = x - f / (f-fo) * (x-xo);
        xo = x;
        fo = f;
        x  = xt;
        f  = testf(x,np);
    end

function [f,g] = testf(x,np)
switch np,
    case 1,
        p = [ 1 0 0 0 -3 -10 ];
        f = polyval(p,x);
        g = polyval(polyder(p),x);
    case 2,
        f = sin(10*x) + 2*cos(x) - x - 3;
        g = 10*cos(10*x) - 2*sin(x) - 1;
    case 3,
```

```
        f = x + atan(x) - 3;
        g = 1 + 1/(x^2+1);
    case 4,
        f = (x+2)*log(x^2+x+1) + 1;
        g = log(x^2+x+1) + (x+2)/(x^2+x+1) * (2*x+1);
end
```

主程序给出了每个问题的有解区间、控制误差以及最大迭代步数, 而后调用每个函数. bisect, fixpnt, newton和secant函数分别实现了二分法、不动点迭代方法、牛顿法和割线法. testf根据不同的函数返回f,g, 即每个问题的函数值和导数值, 后者仅供牛顿法使用. 变量np为问题编号, 它在每个子程序和函数求值过程中传递. 不动点迭代方法的迭代格式可以自行改变, 与其他方法的运行不会相互影响.

§7.2 数值实验七

1. 编写牛顿法和拟牛顿法的程序来求解下面的方程组:
$$\begin{cases} (x-2)^2 + (y-3+2x)^2 = 5, \\ 2(x-3)^2 + (y/3)^2 = 4. \end{cases}$$

解: 从主教材中可以下载牛顿法程序也可以应用于多变量的问题, 只需要编写函数文件即可. 首先编写下面的程序, 将其保存为ff.m:

```
function [f,g] = ff(x)
   f = [  (x(1)-2)^2+(x(2)-3+2*x(1))^2-5
          2*(x(1)-3)^2+(x(2)/3)^2-4        ];
   g = [  2*(x(1)-2)+4*(x(2)-3+2*x(1))    2*(x(2)-3+2*x(1))
          4*(x(1)-3)                       2*x(2)/3             ];
```

用拟牛顿法编写程序如下, 我们还需要前面的函数ff.m.

```
function [x,it,f] = broyden(fun,x0,maxit,tol)
% Use Quasi-Newton method to solve equations
   if nargin<4,      tol = 1e-10;
      if nargin<3,  maxit = 1000;
         if nargin<2, x0 = [3 2]';
         end; end; end
   A  = eye( length(x0) );
   f0 = feval(fun,x0);
   s  = -f0;
   x  = x0 + s;
   f  = feval(fun,x);
```

```
    y   = f - f0;
    for it = 1:maxit,
        A   = A + (s-A*y)*s'*A/(s'*A*y);
        xt  = x - A*f;
        ft  = feval(fun,xt);
        s   = xt - x;
        y   = ft - f;
        x   = xt;
        f   = ft;
        if norm(s)<=tol,
            disp('Quasi-Newton successes!');
            return
        end
    end
    disp('Quasi-Newton fails!');
% end of Quasi-Newton
```

调用情形为

```
>> [x,it,f] = broyden('ff',[1,2]')
Quasi-Newton successes!
x =
            1.73622590043996
           -2.69290743529402
it =
     15
f =
       6.12843109593086e-014
       1.33226762955019e-014
```

该方程有多个解, 输入的初始解不同则可能得到不同的解.

2. 尝试用各种方法计算下面的方程在区间 $[-10, 10]$ 中的所有解:

$$\sum_{k=1}^{10} k e^{-\cos kx} \sin kx = 2.$$

解: 该函数的图像如图 7-1 所示. 可以看到, 这是一个严重非线性的函数, 它在区间 $[-10, 10]$ 中的解多达几十个.

可以采用如下的方式, 即先给出各个有解区间, 再在每个小的有解区间中用割线法或者二分法求解. 因为函数非线性的性态比较严重, 牛顿法可能会求得区间外的解.

下面的程序给出函数的图像, 定出有解区间, 并把所有解保存在变量X中. 该方程在区间 $[-10, 10]$ 中的解有 79 个. 相邻两个解之间的差从 0.06 到 0.45 不等.

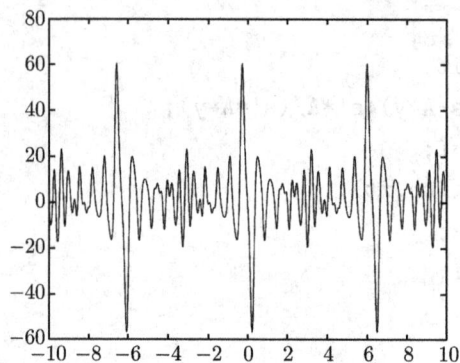

图 7-1

```
function X = expr72
    format long g
    n = 10000;
    x = linspace(-10,10,n);
    v = f7(x);
    plot(x,v,'r-');
    X = [];
    for k = 1:n-1,
        if abs(v(k)) <= 1e-12,
            X = [ X x(k) ];
        elseif sign(v(k))~=sign(v(k+1)),
            xs = secant( @f7, x(k), x(k+1) );
            X = [ X xs ];
        end
    end


function x = secant(f,a,b)
    fa = feval(f,a);
    fb = feval(f,b);
    while abs(a-b) >= 1e-12,
        x = a - fa / (fa-fb) * (a-b);
        fx = feval(f,x);
        a = b; fa = fb;
        b = x; fb = fx;
        if abs(fx) <= 1e-12,
            return;
        end
    end
```

```
function v = f7(x)
    v = 2 * ones(size(x));
    for k = 1:10,
        v = v - k * exp(-cos(k*x)) .* sin(k*x);
    end
```

3. 求解下面的非线性方程组

$$\begin{cases} xy - z^2 = 1, \\ xyz - x^2 + y^2 = 2, \\ e^x - e^y + z = 3. \end{cases}$$

解： 编写程序如下：

```
function v = f73(x)
    v = [ x(1)*x(2)-x(3)^2-1
          prod(x)-x(1)^2+x(2)^2-2
          exp(x(1))-exp(x(2))+x(3)-3 ];
```

和

```
function v = g73(x)
    v = [ x(2) x(1) -2*x(3)
          x(1)*x(2)-2*x(1) x(1)*x(3)+2*x(2) x(1)*x(2)
          exp(x(1)) -exp(x(2)) 1 ];
```

使用和数值实验 1 相同的函数newton

```
>> [x,it] = newton([1 1 1]','f73','g73')
Newton Iteration successes!!
x =
    1.7777
    1.4240
    1.2375
it =
    12
```

4. 给定正整数 $n \geqslant 2$, 求解下面的非线性方程组

$$\begin{cases} \dfrac{x_k}{x_k+1} \cdot \ln x_k + x_{k+1} = 4, \quad k = 1, 2, \cdots, n-1, \\ x_n - x_1 = (n-1)/100. \end{cases}$$

解： 编写程序如下：

```
function [x, done ]=test74(n)
    if nargin<1, n=100; end
    tol =1e-10;
    maxit =20000;
    it =0;
    x    =zeros(n, 1);
    x(1)=3 ;
    done =0 ;
    while ~ done && it<maxit
        it=it+1;
        for k=1: n-1
            x(k+1)=4-x(k)/(x(k)+1) * log(x(k));
        end
        xn1=x(n)-(n-1)/100;
        if abs(xn1-x(1))<= tol
            done = 1;
        else
            x(1)=xn1;
        end
    end
```

若 $n = 5$, 求解该方程组的调用情形为

```
>> [x, done ]= test74(5)
x=
    3.09364004950123
    3.14653036907345
    3.13014770832813
    3.13520052831607
    3.13364004950724
done =
    1
```

其中, done 的值为 1 说明迭代收敛.

第 8 章 矩阵特征值与特征向量的计算

§8.1 习 题 八

1. 用乘幂法求下列矩阵的按模最大特征值及其对应的特征向量:

$$(1) \begin{pmatrix} 2 & 3 & 2 \\ 10 & 3 & 4 \\ 3 & 6 & 1 \end{pmatrix}; \qquad (2) \begin{pmatrix} 3 & -4 & 3 \\ -4 & 6 & 3 \\ 3 & 3 & 1 \end{pmatrix}.$$

当特征值有 3 位小数稳定时迭代终止.

解: (1) 取 $v_0 = (1,1,1)^{\mathrm{T}}$, 则 $u_0 = (1,1,1)^{\mathrm{T}}$, 计算结果见表 8-1.

表 8-1

i	$v_i = Au_{i-1}$	P_i	$u_i = v_i/P_i$
1	$(7, 17, 10)^{\mathrm{T}}$	17	$(0.411\,8, 1.000\,0, 0.588\,2)^{\mathrm{T}}$
2	$(5.000\,0, 9.470\,6, 7.823\,5)^{\mathrm{T}}$	9.470 6	$(0.528\,0, 1.000\,0, 0.826\,1)^{\mathrm{T}}$
3	$(5.708\,1, 11.583\,9, 8.409\,9)^{\mathrm{T}}$	11.583 9	$(0.492\,8, 1.000\,0, 0.726\,0)^{\mathrm{T}}$
4	$(5.437\,5, 10.831\,6, 8.204\,3)^{\mathrm{T}}$	10.831 6	$(0.502\,0, 1.000\,0, 0.757\,4)^{\mathrm{T}}$
5	$(5.518\,9, 11.049\,8, 8.263\,5)^{\mathrm{T}}$	11.049 8	$(0.499\,5, 1.000\,0, 0.747\,8)^{\mathrm{T}}$
6	$(5.494\,6, 10.985\,9, 8.246\,2)^{\mathrm{T}}$	10.985 9	$(0.500\,1, 1.000\,0, 0.750\,6)^{\mathrm{T}}$
7	$(5.501\,5, 11.004\,0, 8.251\,1)^{\mathrm{T}}$	11.004 0	$(0.500\,0, 1.000\,0, 0.749\,8)^{\mathrm{T}}$
8	$(5.499\,6, 10.998\,7, 8.249\,7)^{\mathrm{T}}$	10.998 9	$(0.500\,0, 1.000\,0, 0.750\,0)^{\mathrm{T}}$
9	$(5.500\,1, 11.000\,3, 8.250\,1)^{\mathrm{T}}$	11.000 3	$(0.500\,0, 1.000\,0, 0.750\,0)^{\mathrm{T}}$
10	$(5.500\,0, 10.999\,9, 8.250\,0)^{\mathrm{T}}$	11.000 0	$(0.500\,0, 1.000\,0, 0.750\,0)^{\mathrm{T}}$

因此, 四舍五入到 3 位小数的矩阵的按模最大特征值为 11.000, 对应的特征向量为 $(0.500, 1.000, 0.750)^{\mathrm{T}}$.

(2) 取 $v_0 = (1,1,1)^{\mathrm{T}}$, 则 $u_0 = (1,1,1)^{\mathrm{T}}$, 计算结果见表 8-2.

因此矩阵的按模最大特征值为 8.869, 对应的特征向量为 $(-0.604, 1.000, 0.151)^{\mathrm{T}}$.

2. 用反幂法求矩阵 $A = \begin{pmatrix} 2 & 0 & 0 \\ 2 & 2 & 1 \\ 1 & 1 & 2 \end{pmatrix}$ 的按模最小特征值及其对应的特征向量, 当特征值有 3 位小数稳定时迭代终止.

解: 取 $v_0 = (1,1,1)^{\mathrm{T}}$, 则 $u_0 = (1,1,1)^{\mathrm{T}}$, 对 A 进行 LU 分解, 有

$$A = LU = \begin{pmatrix} 1 & 0 & 0 \\ 1 & 1 & 0 \\ 0.5 & 0.5 & 1 \end{pmatrix} \begin{pmatrix} 2 & 0 & 0 \\ 0 & 2 & 1 \\ 0 & 0 & 1.5 \end{pmatrix}.$$

表 8-2

i	$v_i = Au_{i-1}$	P_i	$u_i = v_i/P_1$
1	$(2, 5, 7)^{\mathrm{T}}$	7	$(0.285\,7, 0.714\,3, 1.000\,0)^{\mathrm{T}}$
2	$(1.000\,0, 6.142\,9, 4.000\,0)^{\mathrm{T}}$	6.142 9	$(0.162\,8, 1.000\,0, 0.651\,2)^{\mathrm{T}}$
3	$(-1.558\,1, 7.302\,3, 4.139\,5)^{\mathrm{T}}$	7.302 3	$(-0.213\,4, 1.000\,0, 0.566\,9)^{\mathrm{T}}$
4	$(-2.939\,5, 8.554\,1, 2.926\,8)^{\mathrm{T}}$	8.554 1	$(-0.343\,6, 1.000\,0, 0.342\,1)^{\mathrm{T}}$
5	$(-4.004\,5, 8.401\,0, 2.311\,2)^{\mathrm{T}}$	8.401 0	$(-0.476\,7, 1.000\,0, 0.275\,1)^{\mathrm{T}}$
6	$(-4.604\,7, 8.732\,0, 1.845\,1)^{\mathrm{T}}$	8.732 0	$(-0.527\,3, 1.000\,0, 0.211\,3)^{\mathrm{T}}$
7	$(-4.948\,1, 8.743\,2, 1.629\,3)^{\mathrm{T}}$	8.743 2	$(-0.565\,9, 1.000\,0, 0.186\,4)^{\mathrm{T}}$
8	$(-5.138\,7, 8.822\,8, 1.488\,6)^{\mathrm{T}}$	8.822 8	$(-0.582\,4, 1.000\,0, 0.168\,7)^{\mathrm{T}}$
9	$(-5.241\,2, 8.835\,9, 1.421\,4)^{\mathrm{T}}$	8.835 9	$(-0.593\,2, 1.000\,0, 0.160\,9)^{\mathrm{T}}$
10	$(-5.296\,9, 8.855\,3, 1.381\,4)^{\mathrm{T}}$	8.855 3	$(-0.598\,2, 1.000\,0, 0.156\,0)^{\mathrm{T}}$
11	$(-5.326\,5, 8.860\,6, 1.361\,5)^{\mathrm{T}}$	8.860 6	$(-0.601\,1, 1.000\,0, 0.153\,7)^{\mathrm{T}}$
12	$(-5.342\,5, 8.865\,5, 1.350\,2)^{\mathrm{T}}$	8.865 5	$(-0.602\,6, 1.000\,0, 0.152\,3)^{\mathrm{T}}$
13	$(-5.350\,9, 8.867\,3, 1.344\,5)^{\mathrm{T}}$	8.867 3	$(-0.603\,4, 1.000\,0, 0.151\,6)^{\mathrm{T}}$
14	$(-5.355\,5, 8.868\,6, 1.341\,3)^{\mathrm{T}}$	8.868 6	$(-0.603\,9, 1.000\,0, 0.151\,2)^{\mathrm{T}}$
15	$(-5.357\,9, 8.869\,2, 1.339\,6)^{\mathrm{T}}$	8.869 2	$(-0.604\,1, 1.000\,0, 0.151\,0)^{\mathrm{T}}$

计算过程如下：

$$u_k = \frac{v_k}{v_k\text{的按模最大分量}},$$
$$Ly_k = u_k,$$
$$Uv_{k+1} = y_k, \quad k = 1, 2, \cdots.$$

计算结果如表 8-3 所示.

表 8-3

k	v_k	u_k	$\dfrac{1}{\max(v_k)}$
0	$(1, 1, 1)^{\mathrm{T}}$	$(1, 1, 1)^{\mathrm{T}}$	1
1	$(0.500\,0, -0.166\,7, 0.333\,3)^{\mathrm{T}}$	$(1.000\,0, -0.333\,3, 0.666\,7)^{\mathrm{T}}$	2
2	$(0.500\,0, -0.944\,4, 0.555\,6)^{\mathrm{T}}$	$(-0.529\,4, 1.000\,0, -0.588\,2)^{\mathrm{T}}$	$-1.058\,8$
3	$(-0.264\,7, 1.127\,5, -0.725\,5)^{\mathrm{T}}$	$(-0.234\,8, 1.000\,0, -0.643\,5)^{\mathrm{T}}$	0.887 0
4	$(-0.117\,4, 0.998\,6, -0.762\,3)^{\mathrm{T}}$	$(-0.117\,6, 1.000\,0, -0.763\,4)^{\mathrm{T}}$	1.001 5
5	$(-0.058\,8, 0.979\,9, -0.842\,3)^{\mathrm{T}}$	$(-0.060\,0, 1.000\,0, -0.859\,5)^{\mathrm{T}}$	1.020 5
6	$(-0.030\,0, 0.983\,2, -0.906\,4)^{\mathrm{T}}$	$(-0.030\,5, 1.000\,0, -0.921\,9)^{\mathrm{T}}$	1.017 1
7	$(-0.015\,3, 0.989\,2, -0.947\,9)^{\mathrm{T}}$	$(-0.015\,4, 1.000\,0, -0.958\,3)^{\mathrm{T}}$	1.010 9
8	$(-0.007\,7, 0.993\,8, -0.972\,2)^{\mathrm{T}}$	$(-0.007\,8, 1.000\,0, -0.978\,2)^{\mathrm{T}}$	1.006 2
9	$(-0.003\,9, 0.996\,6, -0.985\,5)^{\mathrm{T}}$	$(-0.003\,9, 1.000\,0, -0.988\,8)^{\mathrm{T}}$	1.003 4
10	$(-0.001\,9, 0.998\,2, -0.992\,6)^{\mathrm{T}}$	$(-0.001\,9, 1.000\,0, -0.994\,3)^{\mathrm{T}}$	1.001 8
11	$(-0.001\,0, 0.999\,1, -0.996\,2)^{\mathrm{T}}$	$(-0.001\,0, 1.000\,0, -0.997\,1)^{\mathrm{T}}$	1.000 9
12	$(-0.000\,5, 0.999\,5, -0.998\,1)^{\mathrm{T}}$	$(-0.000\,5, 1.000\,0, -0.998\,6)^{\mathrm{T}}$	1.000 5

因此, 四舍五入到 3 位小数的矩阵 $\boldsymbol{A}$ 的按模最小特征值为 1.001, 对应的特征向量为 $(-0.001, 1.000, -1.000)^{\mathrm{T}}$.

3. 用反幂法求矩阵 $\boldsymbol{A} = \begin{pmatrix} 6 & 2 & 1 \\ 2 & 3 & 1 \\ 1 & 1 & 1 \end{pmatrix}$ 的最接近于 6 的特征值及其相应的特征向量.

解: 令 $p = 6$, 对 $A - pI$ 进行带排列的 LU 分解, 有

$$P(A - pI) = LU = \begin{pmatrix} 1 & 0 & 0 \\ 0.5 & 1 & 0 \\ 0 & 0.8 & 1 \end{pmatrix} \begin{pmatrix} 2 & -3 & 1 \\ 0 & 2.5 & -5.5 \\ 0 & 0 & 5.4 \end{pmatrix},$$

其中

$$P = \begin{pmatrix} 0 & 1 & 0 \\ 0 & 0 & 1 \\ 1 & 0 & 0 \end{pmatrix}.$$

计算过程如下:

$$u_k = \frac{v_k}{v_k \text{的按模最大分量}},$$
$$Ly_k = P^\mathrm{T} u_k,$$
$$Uv_{k+1} = y_k, \quad k = 1, 2, \cdots.$$

取 $v_0 = (1, 1, 1)^\mathrm{T}$, 则 $u_0 = (1, 1, 1)^\mathrm{T}$, 计算结果如表 8-4 所示.

表 8-4

k	v_k	u_k	$p + \dfrac{1}{\max(v_k)}$
0	$(1, 1, 1)^\mathrm{T}$	$(1, 1, 1)^\mathrm{T}$	7
1	$(1.111\ 1, 0.444\ 4, 0.111\ 1)^\mathrm{T}$	$(1.000\ 0, 0.400\ 0, 0.100\ 0)^\mathrm{T}$	6.900 0
2	$(0.700\ 0, 0.400\ 0, 0.200\ 0)^\mathrm{T}$	$(1.000\ 0, 0.571\ 4, 0.285\ 7)^\mathrm{T}$	7.428 6
3	$(0.804\ 2, 0.407\ 4, 0.185\ 2)^\mathrm{T}$	$(1.000\ 0, 0.506\ 6, 0.230\ 3)^\mathrm{T}$	7.243 4
4	$(0.767\ 5, 0.405\ 7, 0.188\ 6)^\mathrm{T}$	$(1.000\ 0, 0.528\ 6, 0.245\ 7)^\mathrm{T}$	7.302 9
5	$(0.779\ 4, 0.406\ 0, 0.187\ 9)^\mathrm{T}$	$(1.000\ 0, 0.521\ 0, 0.241\ 1)^\mathrm{T}$	7.283 1
6	$(0.775\ 4, 0.406\ 0, 0.188\ 1)^\mathrm{T}$	$(1.000\ 0, 0.523\ 6, 0.242\ 5)^\mathrm{T}$	7.289 6
7	$(0.776\ 7, 0.406\ 0, 0.188\ 0)^\mathrm{T}$	$(1.000\ 0, 0.522\ 7, 0.242\ 1)^\mathrm{T}$	7.287 5
8	$(0.776\ 3, 0.406\ 0, 0.188\ 0)^\mathrm{T}$	$(1.000\ 0, 0.523\ 0, 0.242\ 2)^\mathrm{T}$	7.288 2
9	$(0.776\ 4, 0.406\ 0, 0.188\ 0)^\mathrm{T}$	$(1.000\ 0, 0.522\ 9, 0.242\ 2)^\mathrm{T}$	7.287 9

因此矩阵 A 的最接近于 6 的特征值为 7.288, 对应的特征向量为 $(1.000, 0.523, 0.242)^\mathrm{T}$.

4. 已知矩阵 $A = \begin{pmatrix} 2 & 1 & 0 \\ 1 & 3 & 1 \\ 0 & 1 & 4 \end{pmatrix}$ 的近似特征值 $\bar{\lambda}_3 = 1.267\ 9$(准确特征值为 $\lambda_3 = 3 - \sqrt[3]{3}$),

试求该特征值对应的特征向量.

解: 对 $A - \bar{\lambda}_3 I$ 进行带排列的 LU 分解, 有

$$P(A - pI) = LU = \begin{pmatrix} 1.000\ 0 & 0 & 0 \\ 0 & 1.000\ 0 & 0 \\ 0.732\ 1 & -0.268\ 1 & 1.000\ 0 \end{pmatrix} \begin{pmatrix} 1.000\ 0 & 1.732\ 1 & 1.000\ 0 \\ 0 & 1.000\ 0 & 2.732\ 1 \\ 0 & 0 & 0.000\ 3 \end{pmatrix},$$

其中

$$P = \begin{pmatrix} 0 & 1 & 0 \\ 0 & 0 & 1 \\ 1 & 0 & 0 \end{pmatrix}.$$

计算过程如下：

$$u_k = \frac{v_k}{v_k \text{的按模最大分量}},$$

$$Ly_k = P^T u_k,$$

$$Uv_{k+1} = y_k, \quad k = 1, 2, \cdots.$$

取 $v_0 = (1, 1, 1)^T$，则 $u_0 = (1, 1, 1)^T$，计算结果如表 8-5 所示.
因此该特征值对应的特征向量为 $(1.000\,0, -0.732\,1, 0.267\,9)^T$.

表 8-5

k	v_k	u_k	$\bar{\lambda}_3 + \dfrac{1}{\max(v_k)}$
0	$(1, 1, 1)^T$	$(1, 1, 1)^T$	2.267 9
1	$(6.776\,4, -4.960\,0, 1.815\,8)^T \times 10^3$	$(1.000\,0, -0.732\,0, 0.268\,0)^T$	1.268 0
2	$(2.032\,7, -1.488\,1, 0.544\,7)^T \times 10^4$	$(1.000\,0, -0.732\,1, 0.267\,9)^T$	1.267 9
3	$(2.032\,8, -1.488\,1, 0.544\,7)^T \times 10^4$	$(1.000\,0, -0.732\,1, 0.267\,9)^T$	1.267 9

5. 对矩阵

$$(1) \quad A = \begin{pmatrix} 3 & 1 & 0 \\ 1 & 4 & 2 \\ 0 & 2 & 3 \end{pmatrix}, \quad (2) \quad A = \begin{pmatrix} 1 & 4 & 5 \\ 2 & 5 & 6 \\ 2 & 2 & 0 \end{pmatrix}$$

进行 QR 分解.

解： 可以在 MATLAB 命令行上操作得到结果. 对于 (1)：

```
>> A = [3 1 0; 1 4 2; 0 2 3]
A =
     3     1     0
     1     4     2
     0     2     3
>> [Q,R] = qr(A)
Q =
   -0.9487    0.2741    0.1576
   -0.3162   -0.8224   -0.4729
        0   -0.4984    0.8669
R =
   -3.1623   -2.2136   -0.6325
        0   -4.0125   -3.1402
        0         0    1.6550
```

对于 (2)：

```
>> A = [1 4 5; 2 5 6; 2 2 0]
>> [Q,R] = qr(A)
```

```
Q =
  -0.3333    -0.6667    -0.6667
  -0.6667    -0.3333     0.6667
  -0.6667     0.6667    -0.3333
R =
  -3.0000    -6.0000    -5.6667
        0    -3.0000    -5.3333
        0          0     0.6667
```

6. 用豪斯霍尔德变换作如下矩阵 A 的 QR 分解

$$A = \begin{pmatrix} 3 & -4 & 1 \\ 4 & 2 & 2 \\ 0 & 4 & -3 \end{pmatrix}.$$

解: 记矩阵 $A = (a_1, a_2, a_3)$. 因为

$$u_1 = a_1 + \text{sign}(a_{11})\|a_1\|e_1 = (3, 4, 0)^{\mathrm{T}} + 5(1, 0, 0)^{\mathrm{T}} = (8, 4, 0)^{\mathrm{T}},$$

所以,

$$P_1 = I - 2\frac{u_1 u_1^{\mathrm{T}}}{\|u_1\|^2} = I - \frac{2}{80}\begin{pmatrix} 64 & 32 & 0 \\ 32 & 16 & 0 \\ 0 & 0 & 0 \end{pmatrix} = \begin{pmatrix} -0.600\,0 & -0.800\,0 & 0 \\ -0.800\,0 & -0.600\,0 & 0 \\ 0 & 0 & 1 \end{pmatrix},$$

我们有

$$P_1 A = \begin{pmatrix} -5 & 0.800\,0 & -2.200\,0 \\ 0 & 4.400\,0 & 0.400\,0 \\ 0 & 4 & -3 \end{pmatrix}.$$

记 $\bar{a}_2 = (4.400\,0, 4)^{\mathrm{T}}$, 因为

$$\bar{u}_2 = \bar{a}_2 + \text{sign}((\bar{a}_2)_1)\|\bar{a}_2\|\bar{e}_1 = (4.400\,0, 4)^{\mathrm{T}} + 0.400\,0 \times 14.866\,1(1, 0)^{\mathrm{T}} = (10.346\,4, 4)^{\mathrm{T}},$$

所以,

$$\bar{P}_2 = I_2 - 2\frac{u_2 u_2^{\mathrm{T}}}{\|u_2\|^2} = \begin{pmatrix} -0.739\,9 & -0.672\,7 \\ -0.672\,7 & 0.739\,9 \end{pmatrix}.$$

记 $P_2 = \begin{pmatrix} 1 & O \\ O & \bar{P}_2 \end{pmatrix}$, 我们有

$$P_2 P_1 A = \begin{pmatrix} 1 & 0 & 0 \\ 0 & -0.739\,9 & -0.672\,7 \\ 0 & -0.672\,7 & 0.739\,9 \end{pmatrix}\begin{pmatrix} -5 & 0.800\,0 & -2.200\,0 \\ 0 & 4.400\,0 & 0.400\,0 \\ 0 & 4 & -3 \end{pmatrix}$$

$$= \begin{pmatrix} -5 & 0.8 & -2.200\,0 \\ 0 & -5.946\,4 & 1.722\,0 \\ 0 & 0 & -2.488\,9 \end{pmatrix}.$$

所以，

$$
\begin{aligned}
\boldsymbol{A} &= \boldsymbol{P}_1\boldsymbol{P}_2
\begin{pmatrix}
-5 & 0.8 & -2.2 \\
0 & -5.946\,4 & 1.722\,0 \\
0 & 0 & -2.488\,9
\end{pmatrix} \\
&= \begin{pmatrix}
-0.6 & 0.592\,0 & 0.538\,1 \\
-0.8 & -0.444\,0 & -0.403\,6 \\
0 & -0.672\,7 & 0.739\,9
\end{pmatrix}
\begin{pmatrix}
-5 & 0.8 & -2.2 \\
0 & -5.9464 & 1.722\,0 \\
0 & 0 & -2.488\,9
\end{pmatrix}.
\end{aligned}
$$

在 MATLAB 的命令行上运行下面的命令可以得到相同的结果：

```
>> A=[3 -4 1; 4 2 2; 0 4 -3];
>> [q,r]=qr(A)
```

§8.2　数值实验八

1. 用乘幂法计算下列矩阵的按模最大特征值和对应的特征向量的近似向量，精度 $\epsilon = 10^{-5}$.

(1) $\begin{pmatrix} 1 & 3 & 3 \\ 2 & 1 & 3 \\ 3 & 3 & 6 \end{pmatrix}$,　　(2) $\begin{pmatrix} -4 & 14 & 0 \\ -5 & 13 & 0 \\ -1 & 0 & 2 \end{pmatrix}$.

解：编写乘幂法程序如下：

```
function [lambda,x,done] = test81(A,tol,maxit)
    if nargin<3, maxit = 2000;
        if nargin<2, tol = 1e-5;
        end; end
    done = 0;
    it = 0;
    x = ones(size(A,1),1);
    while ~done & it<=maxit,
        u = A*x;
        [tmp,ind] = max( abs(u) );
        lambda = u(ind);
        xn = u / u(ind);
        it = it + 1;
        if norm(xn - x) <= tol,
            done = 1;
        else
            x = xn;
        end
    end
```

在 MATLAB 命令行运行下面的命令即可.

```
>> A = [1 3 3;2 1 3;3 3 6];
>> [lambda,x,done] = test81(A)
lambda =
    9.1646
x =
    0.5522
    0.5027
    1.0000
done =
    1
>> eig(A)
ans =
    9.1646
   -1.3986
    0.2341
```

(2) 同理可以完成解答.

2. 用结合原点位移的反幂法计算 $\boldsymbol{A} = \begin{pmatrix} 0 & 11 & -5 \\ -2 & 17 & -7 \\ -4 & 26 & -10 \end{pmatrix}$ 的分别对应于特征值 $\lambda_1 \approx$

$\bar{\lambda}_1 = 1.001$, $\lambda_2 \approx \bar{\lambda}_2 = 2.001$, $\lambda_3 \approx \bar{\lambda}_3 = 4.001$ 的特征向量 $\boldsymbol{X}_1, \boldsymbol{X}_2, \boldsymbol{X}_3$ 的近似特征向量, 相邻迭代误差为 0.001. 并将计算结果与精确特征向量进行比较.

解: 编写程序如下:

```
function [lamn,X] = test82(A,lam)
    if nargin<2,
        lam = [ 1.001 2.001 4.001 ]';
        if nargin<1,
            A = [ 0 11 -5; -2 17 -7; -4 26 -10];
        end; end
    tol = 1e-3;
    n = size(A,1);
    for k = 1:length(lam),
        lambda = lam(k);
        done = 0;
        x = rand(n,1);
        while ~done,
            [L,U] = lu(  A - lambda*eye(n) );
            u = U \ (L\x);
```

```
                [tmp,ind] = max( abs(u) );
                lambdan = lambda + 1/u(ind);
                xn = u / u(ind);
                if abs(xn-x)<=tol & abs(lambdan-lambda)<=tol,
                    done = 1;
                else
                    x = xn;
                    lambda = lambdan;
                end
            end
        lamn(k) = lambda;
        X(:,k) = x;
    end
```

在 MATLAB 命令行上运行, 有如下结果:

```
>> A = [ 0 11 -5; -2 17 -7; -4 26 -10];
>> [V,D]=eig(A)
V =
   -0.4082    0.2182   -0.3244
   -0.4082    0.4364   -0.4867
   -0.8165    0.8729   -0.8111
D =
    1.0000         0         0
         0    2.0000         0
         0         0    4.0000
>> [l,X] = test82
l =
    1.0000    2.0000    4.0000
X =
    0.5000    0.2500    0.4000
    0.5000    0.5000    0.6000
    1.0000    1.0000    1.0000
```

注意, 在程序中我们使用了随机的初始向量, 所以每次运行结果会有所不同. 此外, MATLAB 中显示的特征向量的长度为 1, 而该程序的特征向量的最大分量为 1. 两者未必相同, 但是对应同一个特征值的这两个向量是平行的.

3. 写出 $\boldsymbol{QR}$ 方法的 MATLAB 程序, 利用此程序求实对称矩阵 $\boldsymbol{A}$ 的全部特征值, 并将

其与 A 全部特征值的精确值进行比较, 精度 $\epsilon = 10^{-4}$.

$$A = \begin{pmatrix} 5 & 2 & 2 & 1 \\ 2 & -3 & 1 & 1 \\ 2 & 1 & 3 & 1 \\ 1 & 1 & 1 & 2 \end{pmatrix}.$$

解: 编写程序如下, 并在命令行运行test83即可.

```
function test83(A)
    if nargin<1,
        A = [ 5 2 2 1; 2 -3 1 1; 2 1 3 1; 1 1 1 2];
    end
    tol = 1e-4;
    maxit = 2000;
    it = 1;
    done = 0;
    lambda = eig(A);
    while ~done & it<maxit,
        [Q,R] = qr(A);
        B = R*Q;
        if norm(diag(A)-diag(B))<=tol,
            done = 1;
        else
            A = B;
        end
        it = it + 1;
    end
    A
    norm( sort(diag(A)) - lambda )
```

运行后显示矩阵 A 的对角元即为近似特征值, 其 4 个特征值的总误差为 1.5652×10^{-4}.

```
>> test83
 A=
    7.2183   -0.0013    0.0000   -0.0000
   -0.0013   -3.6027   -0.0014    0.0000
    0.0000   -0.0014    1.9999   -0.0082
   -0.0000    0.0000   -0.0082    1.3844
 ans =
    1.5652e-04
```

4. 考虑 n 阶三对角矩阵

$$A = \begin{pmatrix} 2 & -1 & 0 & \cdots & 0 \\ -1 & 2 & -1 & \cdots & 0 \\ 0 & -1 & 2 & \cdots & 0 \\ \vdots & \vdots & \vdots & & \vdots \\ 0 & 0 & 0 & -1 & 2 \end{pmatrix},$$

分别计算当 $n = 2, 4, 6, 8, \cdots$ 时, 矩阵 A 的条件数 $\mathrm{cond}_2(A) = \dfrac{\lambda_{\max}(A)}{\lambda_{\min}(A)}$.

解: 由于矩阵 A 是实对称矩阵, 特征值全为实数. 编写运用 QR 方法解此题的程序如下:

```
function c = qrmaxtr1(n,tol)
    A  = diag(-ones(n-1,1),-1)+diag(-ones(n-1,1),1)+diag(2*ones(n,1));
    k  = 1;
    A0 = zeros(n);
    while norm( diag(A-A0) ) > tol,
        k = k + 1;
        A0 = A;
        [q,r] = qr(A);
        A = r*q;
    end
    t = diag(A);
    c = max(abs(t))/min(abs(t));
```

其中 n 是矩阵 A 的阶数, tol是误差限. 依次运行如下命令:

```
>> qrmaxtr1(2,1e-10)
ans =
    3.0000
>> qrmaxtr1(4,1e-10)
ans =
    9.4721
>> qrmaxtr1(6,1e-10)
ans =
   19.1957
>> qrmaxtr1(8,1e-10)
ans =
   32.1634
>> qrmaxtr1(10,1e-10)
ans =
```

48.3742

得到相应阶数的矩阵 A 的条件数分别为 3.000 0, 9.472 1, 19.195 7, 32.163 4, 48.374 2.

5. 试求 10 阶矩阵

$$\boldsymbol{A} = (a_{ij}) = \left(\frac{1}{i+j-1}\right), \qquad i, j = 1, 2, \cdots, n$$

的全部特征值及其对应的特征向量.

解: 编写运用 $\boldsymbol{QR}$ 方法解此题的程序如下:

```
function [lambda,V] = qrmaxtr2(A,tol)
    warning off;
    k  = 1;
    AA = A;
    n  = size(A,1);
    A0 = zeros(n);
    V  = A0;
    while norm( diag(A-A0) ) > tol,
        k = k + 1;
        A0 = A;
        [Q,R] = qr(A);
        A = R*Q;
    end
    lambda = diag(A)';
    for i = 1:n,
        u = rand(n,1);
        for j = 1:3,
            v = (AA - lambda(i)*eye(n)) \ u;
            [s,ind] = max(abs(v));
            u = v / sign(v(ind)) / norm(v);
        end
        V(:,i) = u;
    end
```

其中lambda含有矩阵 A 的所有特征值, V 是记录对应lambda中的特征值的特征向量矩阵. V 中的列就是对应lambda中分量的特征向量. 在命令行输入:

```
>> A = hilb(7);
>> [V,D] = qrmaxtr2(A,1e-10)
V =
    1.6609    0.2719    0.0213    0.0010    0.0000    0.0000    0.0000
```

```
D =
    0.7332     0.6232    -0.2608    -0.0752     0.0160    -0.0025     0.0002
    0.4364    -0.1631     0.6706     0.5268    -0.2279     0.0618    -0.0098
    0.3198    -0.3215     0.2953    -0.4257     0.6288    -0.3487     0.0952
    0.2549    -0.3574    -0.0230    -0.4617    -0.2004     0.6447    -0.3713
    0.2128    -0.3571    -0.2337    -0.1712    -0.4970    -0.1744     0.6825
    0.1831    -0.3446    -0.3679     0.1827    -0.1849    -0.5436    -0.5910
    0.1609    -0.3281    -0.4523     0.5098     0.4808     0.3647     0.1944
```

若要得到 $n = 10$ 的结果, 只需要把输入中的7改为10即可. 由于篇幅关系, 我们不再列出该输出的情形. 读者可以用如下 MATLAB 中内置的方式加以比较:

```
>> A = hilb(7);
>> [V,D] = eig(A)
```

6. 给定矩阵 $A = \begin{pmatrix} 40 & -3 & 2 \\ 1 & 80 & -1 \\ -1 & 2 & 150 \end{pmatrix}$, 下面 3 个方法中计算靠近 40 的特征值最快的是哪一个? 可否在编程之前就做出分析? 方法 (3) 中的原点位移 p^* 如何确定? 编程验证你的想法.

(1) 对矩阵 A 使用反幂法.

(2) 对矩阵 $A - 150I$ 使用乘幂法, 即原点位移 $p = 150$.

(3) 对矩阵 $A - p^*I$ 使用反幂法, 选择合适的原点位移 p^*.

解: 乘幂法和反幂法的收敛都是线性的, 按照主教材 (7.1) 定义的收敛常数 C 大致为 $\dfrac{|\lambda_2|}{|\lambda_1|}$ 和 $\dfrac{|\lambda_n|}{|\lambda_{n-1}|}$, 其中, λ_1, λ_2 分别为按模最大特征值和按模次大特征值, 而 λ_n, λ_{n-1} 分别为按模最小特征值和按模次小特征值. 根据 Gerschgorin 圆盘定理, 矩阵 A 的 3 个特征值分别可以估计为 $|\lambda_3 - 40| \leqslant 5, |\lambda_2 - 80| \leqslant 2 \, |\lambda_1 - 150| \leqslant 3$. 因此, $35 \leqslant |\lambda_3| \leqslant 45$, $78 \leqslant |\lambda_2| \leqslant 82$, $147 \leqslant |\lambda_3| \leqslant 153$.

这样, 方法 (1) 的收敛常数约为 $\dfrac{45}{78}$, 方法 (2) 的收敛常数约为 $\dfrac{72}{105}$. 对于方法 (3), p^* 的取值应使得比值 $\dfrac{|\lambda_n - p^*|}{|\lambda_{n-1} - p^*|}$ 尽可能小, 在只有 Gerschgorin 圆盘定理估计下, 应该取 $p^* = 40$, 这时候收敛常数约为 $\dfrac{5}{38}$. 所以前两个方法收敛速度大致同步, 而方法 (3) 收敛速度比这两者快.

```
function exam86
    A = [ 40 -3 2; 11 80 -1; -1 2 150];
    lam = min(eig(A));
    xinit = ones(3,1);
    ep = 1e-8;
    [t,y,lamhist1] = eigIPower(A,0,xinit,ep);
```

```
    [t,y,lamhist2] = eigPower(A-150*eye(3),xinit,ep);
    lamhist2 = lamhist2 + 150;
    [t,y,lamhist3] = eigIPower(A,40,xinit,ep);
    plot(1:length(lamhist1),log10(abs(lamhist1-lam)),'r-',...
         1:length(lamhist2),log10(abs(lamhist2-lam)),'b:',...
         1:length(lamhist3),log10(abs(lamhist3-lam)),'k--');
    xlabel('k: iteration');
    ylabel('log10(error)');
    legend('method (1)','method (2)','method (3)');

function [t,y,lamhist] = eigPower(A,xinit,ep)
    if nargin<3, ep=1e-4; end
    v0 = xinit;
    [tv,ti] = max(abs(v0));
    lam0 = v0(ti);
    u0 = v0/lam0;
    lamhist = lam0;
    flag = 0;
    while (flag==0)
        v1 = A*u0;
        [tv,ti] = max(abs(v1));
        lam1 = v1(ti);
        lamhist = [lamhist lam1];
        u0 = v1/lam1;
        err = abs(lam0-lam1);
        if (err<=ep)
           flag = 1;
        end
        lam0 = lam1;
    end
    t = lam1;
    y = u0;

function [t,y,lamhist] = eigIPower(A,p,xinit,ep)
    if nargin<4, ep=1e-4; end
    v0 = xinit;
    [tv,ti] = max(abs(v0));
    lam0 = 1 / v0(ti);
    lamhist = lam0;
```

```
u0 = v0 * lam0;
[L,U] = lu(A-p*eye(size(A)));
flag = 0;
while (flag==0)
    v1 = U \ (L\u0);
    [tv,ti] = max(abs(v1));
    lam1 = 1 / v1(ti);
    lamhist = [lamhist lam1+p];
    u0 = v1 * lam1;
    err = abs(lam0-lam1);
    if (err<=ep)
        flag = 1;
    end
    lam0 = lam1;
end
t = lam1;
y = u0;
```

在 MALTLAB 命令行运行 exam86, 可以得到如图 8-1 所示的图形.

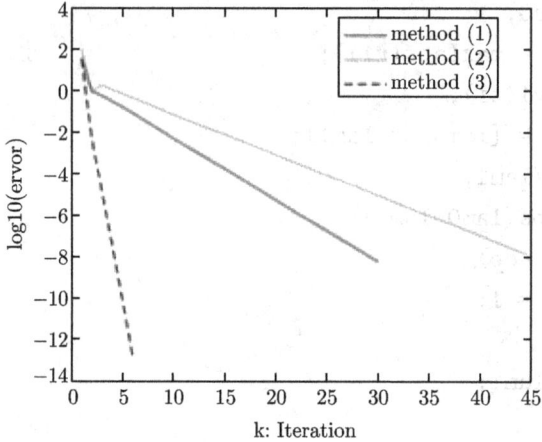

图 8-1

第 9 章　常微分方程初边值问题数值解

§9.1　习　题　九

1. 取 $h = 0.1$, 分别用欧拉公式、梯形求积公式和改进的欧拉公式在 $0 \leqslant x \leqslant 1$ 上求解初值问题

$$y' = -y + x + 1, \qquad y(0) = 1.$$

解: 欧拉公式为

$$
\begin{aligned}
y_{n+1} &= y_n + h(-y_n + x_n + 1) \\
&= 0.9y_n + 0.1x_n + 0.1.
\end{aligned}
$$

梯形求积公式为

$$
\begin{aligned}
y_{n+1} &= y_n + \frac{h}{2}(-y_n + x_n + 1 - y_{n+1} + x_{n+1} + 1) \\
&= 0.95y_n + 0.05x_n - 0.05y_{n+1} + 0.05x_{n+1} + 0.1.
\end{aligned}
$$

因此,

$$y_{n+1} = \frac{1}{1.05}\left(0.95y_n + 0.1x_n + 0.105\right).$$

改进的欧拉公式为

$$\bar{y}_{n+1} = 0.9y_n + 0.1x_n + 0.1,$$

以及

$$
\begin{aligned}
y_{n+1} &= y_n + \frac{h}{2}(-y_n + x_n + 1 - \bar{y}_{n+1} + x_{n+1} + 1) \\
&= 0.95y_n - 0.05\bar{y}_{n+1} + 0.1x_n + 0.105.
\end{aligned}
$$

本题的解析解如下. 原方程为 $y' = -y + x + 1$, 令 $z = y - x$, 则 $z' = y' - 1$, 原方程变为 $z' = -z$, 即 $\dfrac{\mathrm{d}z}{\mathrm{d}x} = -z$. 分离变量得 $\dfrac{\mathrm{d}z}{z} = -\mathrm{d}x$. 两边积分后有 $\ln z - \ln z_0 = -(x - x_0)$, 两边取指数 $z = z_0 \mathrm{e}^{-(x-x_0)}$, 把 $z = y - x$ 代入上式, 最后得 $y = x + (y_0 - x_0)\mathrm{e}^{-(x-x_0)}$. 把 $x_0 = 0$, $y_0 = 1$ 代入则有 $y = x + \mathrm{e}^{-x}$. 因此结果 (不含初值) 如表 9-1 所示.

表 9-1

解在各点上的值	y_1	y_2	y_3	y_4	y_5	y_6	y_7	y_8	y_9	y_{10}
欧拉公式的数值解	1.000 0	1.010 0	1.029 0	1.056 1	1.090 5	1.131 4	1.178 3	1.230 5	1.287 4	1.348 7
梯形求积公式的数值解	1.004 8	1.018 6	1.040 6	1.070 1	1.106 3	1.148 5	1.196 3	1.249 0	1.306 3	1.367 6
改进的欧拉公式的数值解	1.005 0	1.019 0	1.041 2	1.070 8	1.107 1	1.149 4	1.197 2	1.250 0	1.307 2	1.368 5
解析解	1.004 8	1.018 7	1.040 8	1.070 3	1.106 5	1.148 8	1.196 6	1.249 3	1.306 6	1.367 9

2. 取 $h = 0.2$, 用标准四阶四段龙格–库塔公式在 $0 \leqslant x \leqslant 1$ 上求解初值问题

$$y' = x + y, \quad y(0) = 1.$$

解： 标准四阶四段龙格–库塔公式如下:

$$
\begin{aligned}
y_{n+1} &= y_n + \frac{1}{6}(k_1 + 2k_2 + 2k_3 + k_4), \\
k_1 &= hf(x_n, y_n), \\
k_2 &= hf\left(x_n + \frac{h}{2}, y_n + \frac{k_1}{2}\right), \\
k_3 &= hf\left(x_n + \frac{h}{2}, y_n + \frac{k_2}{2}\right), \\
k_4 &= hf(x_n + h, y_n + k_3).
\end{aligned}
$$

编写 MATLAB 程序如下.

(1) 文件ef3.m:

```
function z=ef3(x,y)
    z = x+y;
```

(2) 文件rk4.m:

```
function y = rk4(ef,y0,h,a,b)
 y(:,1)=y0;
 n = (b-a)/h;
 x = a:h:b;
 c1= [1;2;2;1]/6;
 for i = 1:n,
    k(:,1) = h*feval(ef,x(i), y(:,i));
    k(:,2) = h*feval(ef,x(i)+0.5*h,y(:,i)+0.5*k(:,1));
    k(:,3) = h*feval(ef,x(i)+0.5*h,y(:,i)+0.5*k(:,2));
    k(:,4) = h*feval(ef,x(i)+h,y(:,i)+k(:,3));
    y(:,i+1) = y(:,i) + k*c1;
 end
```

(3) 在命令行上执行:

```
>> y = rk4(@ef3,1,0.2,0,1)
y =
    1.0000    1.2428    1.5836    2.0442    2.6510    3.4365
```

本题的解析解如下. 令 $z = x + y$ 得 $z' = y' + 1$, 因此, $z' - 1 = z$. 所以 $\dfrac{z'}{z+1} = 1$, 两边积分可得 $\ln(z+1) = x + \bar{C}$. 此即 $z = Ce^x - 1$, 所以 $y = z - x = Ce^x - 1 - x$. 利用 $y(0) = 1$, 可得 $C = 2$, 即 $y = 2e^x - 1 - x$. 结果 (含初值) 如表 9-2 所示.

可以看到, 计算结果在保留 4 位小数时几乎一致.

表 9-2

解在各点上的值	y_0	y_1	y_2	y_3	y_4	y_5
数值解	1.000 0	1.242 8	1.583 6	2.044 2	2.651 0	3.436 5
解析解	1.000 0	1.242 8	1.583 6	2.044 2	2.651 1	3.436 6

3. 证明对任意参数 α, 下列格式是二阶的.

$$
\begin{cases}
y_{n+1} = y_n + \dfrac{1}{2}(k_2 + k_3), \\
k_1 = hf(x_n, y_n), \\
k_2 = hf(x_n + \alpha h, y_n + \alpha k_1), \\
k_3 = hf(x_n + (1-\alpha)h, y_n + (1-\alpha)k_1).
\end{cases}
$$

证: 对 k_2, k_3 做泰勒展开, 有

$$
k_2 = h\left[f_n + \alpha h \frac{\partial f_n}{\partial x} + \alpha k_1 \frac{\partial f_n}{\partial y} \right] + O(h^3),
$$

$$
k_3 = h\left[f_n + (1-\alpha) h \frac{\partial f_n}{\partial x} + (1-\alpha) k_1 \frac{\partial f_n}{\partial y} \right] + O(h^3),
$$

令 $y_n = y(x_n)$, 并把 $k_1 = hf_n$ 代入, 得

$$
\begin{aligned}
y_{n+1} &= y_n + \frac{1}{2}(k_2 + k_3) \\
&= y_n + hf_n + \frac{h^2}{2}\frac{\partial f_n}{\partial x} + \frac{h^2}{2} f_n \frac{\partial f_n}{\partial y} + O(h^3) \\
&= y(x_{n+1}) + O(h^3).
\end{aligned}
$$

因此, 该格式对任意参数 α 都是二阶的.

4. 分析用中点公式求解初值问题

$$
\begin{cases}
y' = -5y, \quad x \in (0,1), \\
y(0) = 1
\end{cases}
$$

时绝对稳定性对步长的限制.

解: 由中点公式可得

$$
y_{n+1} = (1 - 5h + 12.5h^2)y_n,
$$

于是

$$
\delta_{n+1} = (1 - 5h + 12.5h^2)\delta_n.
$$

为保证绝对稳定性, 则有

$$
|1 - 5h + 12.5h^2| \leqslant 1,
$$

解之可得

$$0 < h \leqslant 0.4.$$

5. 导出用梯形求积公式求解

$$\begin{cases} y' = y, & x \in [0,1], \\ y(0) = 1 \end{cases}$$

的计算公式

$$y_n = \left(\frac{2+h}{2-h}\right)^n.$$

取 $h = \dfrac{1}{4}$, 计算 $y(1)$ 的近似值.

解: 由梯形求积公式可得

$$y_{n+1} = y_n + \frac{h}{2}(f(x_n, y_n) + f(x_{n+1}, y_{n+1})) = y_n + \frac{h}{2}(y_n + y_{n+1}),$$

即

$$\left(1 - \frac{h}{2}\right) y_{n+1} = \left(1 + \frac{h}{2}\right) y_n,$$

因此

$$y_n = y_{n-1}\left(\frac{2+h}{2-h}\right) = y_{n-2}\left(\frac{2+h}{2-h}\right)^2 = \cdots = \left(\frac{2+h}{2-h}\right)^n.$$

当 $h = \dfrac{1}{4}$ 时, $x = 1$ 处对应 $n = 4$, 因此

$$y(1) \approx y_4 = \left(\frac{2+1/4}{2-1/4}\right)^4 = 2.732\,6.$$

6. 将下列方程化为一阶方程组, 取步长 $h = 0.1$, 并利用改进的欧拉公式求解.

$$\begin{cases} y'' - 3y' + 2y = 0, & x \in (0,1), \\ y(0) = 1, \ y'(0) = 1. \end{cases}$$

解: 令 $y' = z$, 则

$$z' = y'' = 3y' - 2y = 3z - 2y,$$

因此, 我们得到方程组

$$\begin{cases} \begin{pmatrix} y \\ z \end{pmatrix}' = \begin{pmatrix} 0 & 1 \\ -2 & 3 \end{pmatrix} \begin{pmatrix} y \\ z \end{pmatrix}, \\[2mm] \begin{pmatrix} y \\ z \end{pmatrix}\bigg|_{x=0} = \begin{pmatrix} 1 \\ 1 \end{pmatrix}. \end{cases}$$

我们有如下的计算格式:

$$\begin{pmatrix} y_{n+1}^{(p)} \\ z_{n+1}^{(p)} \end{pmatrix} = \begin{pmatrix} y_n \\ z_n \end{pmatrix} + h \begin{pmatrix} 0 & 1 \\ -2 & 3 \end{pmatrix} \begin{pmatrix} y_n \\ z_n \end{pmatrix},$$

$$\begin{pmatrix} y_{n+1}^{(c)} \\ z_{n+1}^{(c)} \end{pmatrix} = \begin{pmatrix} y_n \\ z_n \end{pmatrix} + h \begin{pmatrix} 0 & 1 \\ -2 & 3 \end{pmatrix} \begin{pmatrix} y_{n+1}^{(p)} \\ z_{n+1}^{(p)} \end{pmatrix},$$

$$\begin{pmatrix} y_{n+1} \\ z_{n+1} \end{pmatrix} = \frac{1}{2} \left(\begin{pmatrix} y_{n+1}^{(p)} \\ z_{n+1}^{(p)} \end{pmatrix} + \begin{pmatrix} y_{n+1}^{(c)} \\ z_{n+1}^{(c)} \end{pmatrix} \right).$$

易知, 原问题的通解为 $y(x) = c_1 e^{2x} + c_2 e^x$, 满足初值条件的特解为 $y(x) = e^x$. 因此, 利用上面的计算格式算出精确解在各节点的值, 整理后结果如表 9-3 所示.

表 9-3

解在各点上的值	y_0	y_1	y_2	y_3	y_4	y_5
数值解	1.000 0	1.105 0	1.221 0	1.349 2	1.490 9	1.647 4
精确解	1.000 0	1.105 2	1.221 4	1.349 9	1.491 8	1.648 7

解在各点上的值	y_6	y_7	y_8	y_9	y_{10}
数值解	1.820 4	2.011 6	2.222 8	2.456 2	2.714 1
精确解	1.822 1	2.013 8	2.225 5	2.459 6	2.718 3

7. 取 $h = 0.5$, 用有限差分法求解边值问题

$$\begin{cases} y'' = 6x, \ x \in (0,1), \\ y(0) = 0, \ y(1) = 1. \end{cases}$$

解: 我们有

$$y'' \left(\frac{1}{2} \right) = \frac{y(0) - 2y\left(\frac{1}{2} \right) + y(1)}{\left(\frac{1}{2} \right)^2} = 6 \times \frac{1}{2} = 3,$$

因此

$$y \left(\frac{1}{2} \right) = \frac{1}{8}.$$

原方程的精确解可以如下求解. 在方程两边积分两次, 有

$$y(x) = x^3 + c_1 x + c_2,$$

令 $y(0) = 0$, 可得 $c_2 = 0$; 令 $y(1) = 1$, 可得 $c_1 = 0$. 即 $y = x^3$.

下面的程序用有限差分法实现了这一问题的求解.

```
function [x,y] = fdm(q,f,a,b,ya,yb,N)
% Solve ODE  y"+q(x)*y == f(x)
```

```
% where,       y(a) = ya
%    and       y(b) = yb
% by finite difference methods.
    if nargin<7, N = 100; end
    x  = linspace(a,b,N+1);
    qx = feval(q,x(2:N));
    fx = feval(f,x(2:N));
    h  = (b-a)/N;
    b  = -2 + h^2 * qx;
    d  = fx * h^2;
    d(1) = d(1) - ya;
    d(N-1) = d(N-1) - yb;
    for k = 2:N-1,
        b(k) = b(k) - 1/b(k-1);
        d(k) = d(k) - d(k-1)/b(k-1);
    end
    y(N-1) = d(N-1) / b(N-1);
    for k = N-2:-1:1,
        y(k) = ( d(k) - y(k+1) ) / b(k);
    end
    y = [ ya y yb ];
```

调用如下：

```
>> q=inline('zeros(size(x))','x');
>> f = inline('6*x','x');
>> [x,y]=fdm(q,f,0,1,0,1,2)
x =
     0    0.5000    1.0000
y =
     0    0.1250    1.0000
>> [x,y]=fdm(q,f,0,1,0,1,8)
x =
     0    0.1250    0.2500    0.3750    0.5000    0.6250    0.7500    0.8750    1.0000
y =
     0    0.0020    0.0156    0.0527    0.1250    0.2441    0.4219    0.6699    1.0000
```

§9.2　数值实验九

1. 分别用欧拉公式、梯形求积公式、改进的欧拉公式以及标准四阶四段龙格–库塔公式求解如下常微分方程初值问题, 比较 4 种方法的计算精度, 并体会显格式与隐格式的区别.

$$\begin{cases} y' = -\dfrac{1}{x^2} - \dfrac{y}{x} - y^2, & x \in (1,2), \\ y(1) = -1. \end{cases}$$

解: 编程如下:

```
function test91
    n = 1000;
    [tb,yb] = ode45(@f,linspace(1,2,n+1),-1);
    col = 'rgbk';
    method = strvcat('rk4','eulerp','trapzm','euler');
    fprintf('%8s %14s %12s\n','method','Error','Time');
    for m = 1:4,
        mc = deblank(method(m,:));
        t  = cputime;
        [tn,yn] = feval(mc, @f, [1 2], -1, n);
        t  = cputime - t;
        err = norm(yn-yb')/n;
        hold on;
        plot(tn,yn,'-','color',col(m));
        fprintf('%8s %14.8f %12.8f\n',mc,err,t);
    end

function [x,y] = rk4(ef,tspan,y0,n)
    y(1) = y0;
    a = tspan(1);
    b = tspan(2);
    h = (b-a)/n;
    x = a:h:b;
    c1 = [1 2 2 1]'/6;
    for i = 1:n,
        k(1) = h * feval(ef,x(i), y(i));
        k(2) = h * feval(ef,x(i)+0.5*h,y(i)+0.5*k(1));
        k(3) = h * feval(ef,x(i)+0.5*h,y(i)+0.5*k(2));
        k(4) = h * feval(ef,x(i)+h,y(i)+k(3));
        y(i+1) = y(:,i) + k*c1;
    end

function [x,y] = eulerp(ef,tspan,y0,n)
```

```
    y(1) = y0;
    a    = tspan(1);
    b    = tspan(2);
    h    = (b-a)/n;
    x    = a:h:b;
    for i = 1:n,
        yb      = y(i) + h * feval(ef, x(i), y(i));
        y(i+1) = y(i) + h * feval(ef, x(i), yb  );
    end

function [x,y] = trapzm(ef,tspan,y0,n)
    y(1) = y0;
    a    = tspan(1);
    b    = tspan(2);
    h    = (b-a)/n;
    x    = a:h:b;
    for i = 1:n,
        yt = y(i) + h * feval(ef, x(i), y(i));
        done = 0;
        while ~done,
            y(i+1) = y(i) + h * feval(ef, x(i), yt);
            done = (abs(y(i+1)-yt)<=1e-6);
            yt = y(i+1);
        end
    end

function [x,y] = euler(ef,tspan,y0,n)
    y(1) = y0;
    a    = tspan(1);
    b    = tspan(2);
    h    = (b-a)/n;
    x    = a:h:b;
    for i = 1:n,
        y(i+1) = y(i) + h * feval(ef, x(i), y(i));
    end

function dydx = f(x,y)
    dydx = - 1/x^2 - y/x - y^2;
```

在 MATLAB 运行命令 test91 可以得到如下结果 ($n = 1000$), 误差 $\varepsilon = \dfrac{1}{n}\left(\sum\limits_{i=1}^{n}|y_i - y_i^*|^2\right)^{1/2}$,

而 y_i^* 是由 MATLAB 系统函数 ode45 得到的解, y_i 是当前方法的解. 统计时间 Time 可能会由于你的计算机的性能而有所差别.

```
>> test91
   method      Error          Time
      rk4    0.00000106    0.04700000
   eulerp    0.00031013    0.01600000
   trapzm    0.00031265    0.03100000
    euler    0.00028372    0.01600000
```

图 9-1 所示是把程序中的 n 值改成 50 后得到的近似解——函数图 (左) 及误差图 (右), 可以看到标准四阶四段龙格–库塔公式的计算精度最好, 另外 3 个方法的计算精度相差不大.

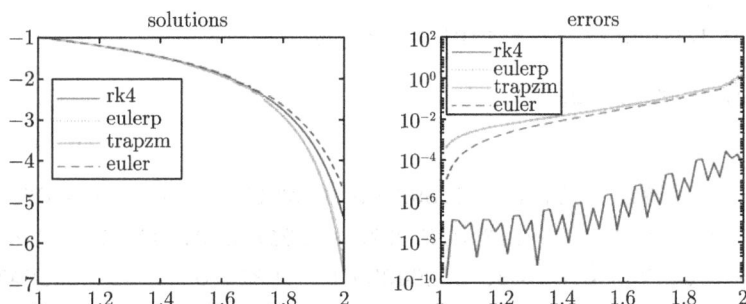

图 9-1

2. 用标准四阶四段龙格–库塔公式, 对 $x \geqslant 0$ 时的标准正态分布函数

$$\Phi(x) = \frac{1}{\sqrt{2\pi}} \int_0^x \mathrm{e}^{-\frac{t^2}{2}} \mathrm{d}t + \frac{1}{2}, \quad 0 \leqslant x < \infty$$

产生一张在 $[0,5]$ 之间 81 个等距节点处的函数表.

解: 原表达式等价于

$$\Phi'(x) = \frac{1}{\sqrt{2\pi}} \mathrm{e}^{-\frac{x^2}{2}}, \quad \Phi(0) = \frac{1}{2}.$$

用标准四阶四段龙格–库塔公式编程如下:

```
function test92
   n = 1000;
   [t,y] = rk4(@phi, [0,5], 0.5, 80);
   fprintf([repmat('%8.6f ',1,8),'\n'],y(2:end));

function [x,y] = rk4(ef,tspan,y0,n)
```

```
        y(1) = y0;
        a = tspan(1);
        b = tspan(2);
        h = (b-a)/n;
        x = a:h:b;
        c1 = [1 2 2 1]'/6;
        for i = 1:n,
            k(1) = h * feval(ef,x(i), y(i));
            k(2) = h * feval(ef,x(i)+0.5*h,y(i)+0.5*k(1));
            k(3) = h * feval(ef,x(i)+0.5*h,y(i)+0.5*k(2));
            k(4) = h * feval(ef,x(i)+h,y(i)+k(3));
            y(i+1) = y(:,i) + k*c1;
        end

function dydx = phi(x,y)
    dydx = 1/sqrt(2*pi) * exp(-x.^2/2);
```

运行结果如下 (初值不显示):

```
>> test92
0.524918 0.549738 0.574366 0.598706 0.622670 0.646170 0.669126 0.691462
0.713112 0.734014 0.754116 0.773373 0.791748 0.809213 0.825749 0.841345
0.855996 0.869705 0.882485 0.894350 0.905324 0.915434 0.924712 0.933193
0.940915 0.947919 0.954246 0.959941 0.965046 0.969604 0.973658 0.977250
0.980420 0.983207 0.985647 0.987776 0.989625 0.991226 0.992605 0.993790
0.994804 0.995668 0.996401 0.997020 0.997542 0.997980 0.998346 0.998650
0.998903 0.999111 0.999282 0.999423 0.999538 0.999631 0.999706 0.999767
0.999816 0.999856 0.999887 0.999912 0.999931 0.999947 0.999959 0.999968
0.999976 0.999981 0.999986 0.999989 0.999992 0.999994 0.999995 0.999997
0.999997 0.999998 0.999999 0.999999 0.999999 0.999999 1.000000 1.000000
```

3. 考虑刚性问题

$$\begin{cases} y' = 5e^{5x}(y-x)^2 + 1, & x \in (0,1), \\ y(0) = -1. \end{cases}$$

该问题的真解为 $y(x) = x - e^{-5x}$. 分别取步长 $h = 0.2$ 和 0.25, 用标准四阶四段龙格–库塔公式和梯形求积公式求解该初值问题, 并对计算结果进行分析.

解: 编程如下:

```
function test93
    method = strvcat('rk4','trapzm');
    fprintf('%8s%3s%10s%10s\n','method','n','error','time');
```

```
ff = inline('x-exp(-5*x)');
for n = [100 50 20 5 4],
    h = 1 / n;
    for m = 1:2,
        mc      = deblank(method(m,:));
        t       = cputime;
        [tn,yn] = feval(mc, @f, [0,1], -1, n);
        t       = cputime - t;
        yx      = ff(tn);
        err     = norm(yn-yx,inf);
        fprintf('%8s %3d %11.8f %10.8f\n',mc,n,err,t);
    end
end

function [x,y] = rk4(ef,tspan,y0,n)
    y(1) = y0;
    a = tspan(1);
    b = tspan(2);
    h = (b-a)/n;
    x = a:h:b;
    c1 = [1 2 2 1]'/6;
    for i = 1:n,
        k(1) = h * feval(ef,x(i), y(i));
        k(2) = h * feval(ef,x(i)+0.5*h,y(i)+0.5*k(1));
        k(3) = h * feval(ef,x(i)+0.5*h,y(i)+0.5*k(2));
        k(4) = h * feval(ef,x(i)+h,y(i)+k(3));
        y(i+1) = y(:,i) + k*c1;
    end

function [x,y] = trapzm(ef,tspan,y0,n)
    y(1) = y0;
    a    = tspan(1);
    b    = tspan(2);
    h    = (b-a)/n;
    x    = a:h:b;
    for i = 1:n,
        yt = y(i) + h * feval(ef, x(i), y(i));
        for k = 1:5,
            y(i+1) = y(i) + h * feval(ef, x(i), yt);
```

```
            yt = y(i+1);
        end
    end

function dydx = f(x,y)
    dydx = 5 * exp(5*x) * (y-x)^2 + 1;
```

运行后结果如下:

```
>> test93
  method  n      error        time
     rk4 100  0.00000010 0.00000000
  trapzm 100  0.02583967 0.00000000
     rk4  50  0.00000177 0.00000000
  trapzm  50  0.05042763 0.00000000
     rk4  20  0.00008272 0.00000000
  trapzm  20         Inf 0.00000000
     rk4   5  0.01902731 0.00000000
  trapzm   5         Inf 0.00000000
     rk4   4         Inf 0.00000000
  trapzm   4         Inf 0.00000000
```

可以看到, 对于刚性方程, 仅在步长较小时可得到较好的近似解, 且标准四阶四段龙格–库塔公式较梯形求积公式有效.

4. 尝试用不同方法求解下面的初值问题

$$\begin{pmatrix} u' \\ v' \end{pmatrix} = \begin{pmatrix} 32 & 66 \\ -66 & -133 \end{pmatrix} \begin{pmatrix} u \\ v \end{pmatrix} + \begin{pmatrix} \dfrac{2}{3}x + \dfrac{2}{3} \\ -\dfrac{1}{3}x + \dfrac{1}{3} \end{pmatrix}, \quad x \in (0, 0.5),$$

初值条件为

$$\begin{pmatrix} u(0) \\ v(0) \end{pmatrix} = \begin{pmatrix} \dfrac{1}{3} \\ \dfrac{1}{3} \end{pmatrix},$$

比较各种方法的计算结果和计算时间. (该问题的精确解为 $u = \dfrac{2}{3}x + \dfrac{2}{3}\mathrm{e}^{-x} - \dfrac{1}{3}\mathrm{e}^{-100x}$, $v = -\dfrac{1}{3}x - \dfrac{1}{3}\mathrm{e}^{-x} + \dfrac{2}{3}\mathrm{e}^{-100x}$.)

解: 我们采用不同的方法以及不同的步长来求解. 这些方法使用的公式包括欧拉公式, 改进的欧拉公式, 标准四阶四段龙格–库塔公式和梯形求积公式. 编程如下:

```
function test94
    method = strvcat('euler','eulerp','trapzm','rk4');
```

```matlab
    fprintf('%8s%4s%10s%16s\n','method','n','error','time');
    u = inline('(2*x+2*exp(-x)-  exp(-100*x))/3');
    v = inline('(- x-  exp(-x)+2*exp(-100*x))/3');
    for n = [50000 5000 500 50 5],
        h = 1 / n;
        for m = 1:size(method,1),
            mc      = deblank(method(m,:));
            t       = cputime;
            [tn,yn] = feval(mc, @f, [0,0.5], [1 1]'/3, n);
            t       = cputime - t;
            YX      = [ u(tn); v(tn) ];
            err     = norm(yn-YX,1);
            fprintf('%8s %5d %11.8e %8.3f\n',mc,n,err,t);
        end
    end


function [x,y] = euler(ef,tspan,y0,n)
    y(:,1) = y0;
    a      = tspan(1);
    b      = tspan(2);
    h      = (b-a)/n;
    x      = a:h:b;
    for i  = 1:n,
        y(:,i+1) = y(:,i) + h * feval(ef, x(i), y(:,i));
    end


function [x,y] = eulerp(ef,tspan,y0,n)
    y(:,1) = y0;
    a      = tspan(1);
    b      = tspan(2);
    h      = (b-a)/n;
    x      = a:h:b;
    for i  = 1:n,
        yb       = y(:,i) + h * feval(ef, x(i), y(:,i));
        y(:,i+1) = y(:,i) + h * feval(ef, x(i), yb  );
    end


function [x,y] = rk4(ef,tspan,y0,n)
    y(:,1) = y0;
```

```
        a = tspan(1);
        b = tspan(2);
        h = (b-a)/n;
        x = a:h:b;
        c1 = [1 2 2 1]'/6;
        for i = 1:n,
            k(:,1) = h * feval(ef,x(i), y(:,i));
            k(:,2) = h * feval(ef,x(i)+0.5*h,y(:,i)+0.5*k(1));
            k(:,3) = h * feval(ef,x(i)+0.5*h,y(:,i)+0.5*k(2));
            k(:,4) = h * feval(ef,x(i)+h,y(:,i)+k(3));
            y(:,i+1) = y(:,i) + k*c1;
        end

function [x,y] = trapzm(ef,tspan,y0,n)
    y(:,1) = y0;
    a     = tspan(1);
    b     = tspan(2);
    h     = (b-a)/n;
    x     = a:h:b;
    for i = 1:n,
        yt = y(:,i) + h * feval(ef, x(i), y(:,i));
        for k = 1:5,
            y(:,i+1) = y(:,i) + h * feval(ef, x(i), yt);
            yt = y(:,i+1);
        end
    end

function dydx = f(t,y)
    A = [ 32 66; -66 -133 ];
    dydx = A * y + [2/3*(t+1); 1/3*(1-t)];
```

运行结果如下 (其中四列参数分别为对应公式、等分数、误差和运行时间):

```
>> test94
  method   n      error          time
   euler 50000 2.48979055e-001   11.860
  eulerp 50000 2.48976131e-001   12.328
  trapzm 50000 2.48976131e-001   14.703
     rk4 50000 2.48983539e-001   13.485
   euler  5000 2.48974505e-001    0.157
```

eulerp	5000	2.48945266e-001	0.203
trapzm	5000	2.48945269e-001	0.500
rk4	5000	2.49019383e-001	0.375
euler	500	2.48928989e-001	0.016
eulerp	500	2.48636467e-001	0.016
trapzm	500	2.48636759e-001	0.031
rk4	500	2.49380649e-001	0.031
euler	50	3.61162941e-001	0.000
eulerp	50	9.61158193e-001	0.000
trapzm	50	9.61154925e-001	0.016
rk4	50	4.45379441e-001	0.000
euler	5	5.82619236e+004	0.000
eulerp	5	6.15711716e+009	0.000
trapzm	5	6.12642678e+029	0.000
rk4	5	6.08140744e+009	0.000

5. 取步长 $h = \dfrac{1}{2}, \dfrac{1}{4}, \cdots, \dfrac{1}{256}$，用有限差分法求解边值问题

$$\begin{cases} (1+x^2)y'' - xy' - 3y = 6x - 3, & x \in [0,1], \\ y(0) - y'(0) = 1, & y(1) = 2. \end{cases}$$

解: 假设求解一般的边值问题如下:

$$\begin{cases} p(x)y'' + q(x)y' + r(x)y = f(x), & a \leqslant x \leqslant b, \\ \alpha_1 y'(a) + \alpha_2 y(a) = \alpha_3, \\ \beta_1 y'(b) + \beta_2 y(b) = \beta_3. \end{cases}$$

其中, $\alpha_i(i=1,2,3)$ 不全为 0, $\beta_i(i=1,2,3)$ 不全为 0.

假设等距节点为 x_i, $i = 0, 1, 2, \cdots, N$. 在节点 x_i 离散化原方程, 有

$$p(x_i)\frac{y_{i-1} - 2y_i + y_{i+1}}{h^2} + q(x_i)\frac{y_{i+1} - y_i}{h} + r(x_i)y_i = f(x_i),$$

其中, $i = 1, 2, \cdots, N-1$. 边界条件离散为

$$\alpha_1 \frac{y_1 - y_0}{h} + \alpha_2 y_1 = \alpha_3,$$

$$\beta_1 \frac{y_{N+1} - y_N}{h} + \beta_2 y_{N+1} = \beta_3.$$

总计得到有 $N+1$ 个方程的方程组. 该方程组是一个三对角系数矩阵的方程组, 可以用追赶法求解.

编程如下.

文件 `fdm4bvp.m`:

```
function [xx,yy] = fdm4bvp(p,q,r,f,a,b,alpha,beta,N)
% Solve ODE        p(x)*y" + q(x)*y' + r(x)*y == f(x),   a <= x <= b,
% with  BC         alpha(1) * y'(a) + alpha(2) * y(a) == alpha(3)
%                  beta(1)  * y'(b) + beta(2)  * y(b) == beta(3)
    if nargin<9, N = 100; end
    h = (b-a)/N;
    xx = linspace(a,b,N+1);
    x = xx(2:N);
    px = feval(p,x);
    qx = feval(q,x);
    rx = feval(r,x);
    fx = feval(f,x);
    aa = [ px-h*qx -beta(1) ];
    bb = [ -alpha(1)+alpha(2)*h -2*px+rx*h^2 beta(1)+beta(2)*h ];
    cc = [ alpha(1) px+h*qx ];
    dd = [ alpha(3)*h fx*h^2 beta(3)*h ];
    for k = 2:N+1,
        bb(k) = bb(k) - aa(k-1)/bb(k-1) * cc(k-1);
        dd(k) = dd(k) - aa(k-1)/bb(k-1) * dd(k-1);
    end
    yy(N+1) = dd(N+1) / bb(N+1);
    for k = N:-1:1,
        yy(k) = ( dd(k) - cc(k)*yy(k+1) ) / bb(k);
    end
```

文件test_bvp.m:

```
p = inline('1+x.^2','x');
q = inline('-x','x');
r = inline('-3*ones(size(x))','x');
f = inline('6*x-3','x');
a = 0;
b = 1;
alpha = [ -1 1 1];
beta  = [  0 1 2];
for N = 2.^[1:8],
    [xx,yy] = fdm4bvp(p,q,r,f,a,b,alpha,beta,N);
    plot(xx,yy,'r-');
    pause
end
```

在 MATLAB 上运行以下命令可得结果:

```
>> test_bvp
```

当 $N = 4$ 和 $N = 256$ 时的图像如图 9-2 所示. 该问题的精确解是 $y(x) = x^3 + 1$.

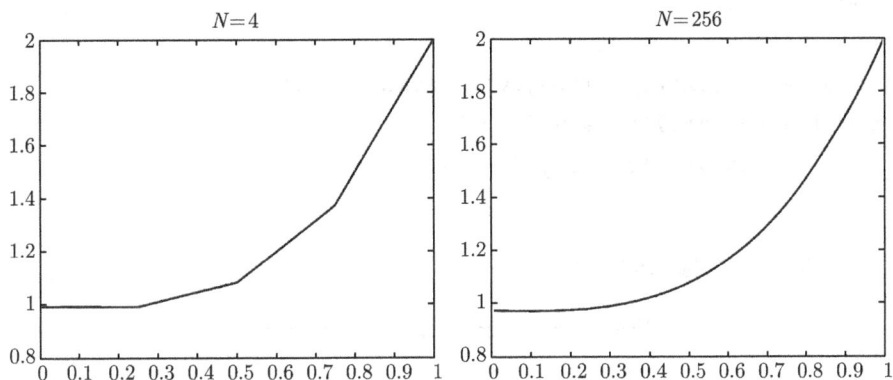

图 9-2

6. 两个物种的捕食关系可以建立下面的微分方程组:

$$\begin{cases} x'(t) = \alpha x + \beta xy, \quad t \in [0, +\infty), \\ y'(t) = \gamma y + \delta xy, \\ x(0) = x_0, \quad y(0) = y_0. \end{cases}$$

这里, $x(t), y(t)$ 分别是捕食者和被捕食者在时间 t 的种群数量, 参数 $\alpha < 0$, $\beta > 0$, $\gamma > 0$, $\delta < 0$. 试解释参数 $\alpha, \beta, \gamma, \delta$ 的含义, 并求解 $\alpha = -1$, $\beta = 0.01$, $\gamma = 0.25$, $\delta = -0.01$, $x_0 = 33$, $y_0 = 80$ 时该问题的解, 对足够大的 T, 画出相轨线 $\{(x(t), y(t)) \mid t \in [0, T]\}$.

解: 几个参数的解释如下: γ 是被捕食者种群的增长率, α 是捕食者种群的增长率, δ 是每次捕食机会对被捕食者种群的减小率, β 是每次捕食机会对捕食者种群的供养率. 程序如下:

```
function test96
    alpha = -1;
    beta  = 0.01;
    gamma = 0.25;
    delta = -0.01;
    x0 = 33;
    y0 = 80;
    T = 100;
    [t,y] = ode45(@dydx,[0,T],[x0 y0]',odeset,alpha,beta,gamma,delta);
    for k = 1:length(t)
        plot(y(1:k,1),y(1:k,2));
```

```
        xlabel('x(t)');
        ylabel('y(t)');
        axis([10 45 70 130]);
        pause(0.5);
    end


function v = dydx(t,y,alpha,beta,gamma,delta)
    v = [ alpha*y(1)+beta*y(1)*y(2)
        gamma*y(2)+delta*y(1)*y(2)
        ];
```

当 $T = 100$ 时的图像如图 9-3 所示.

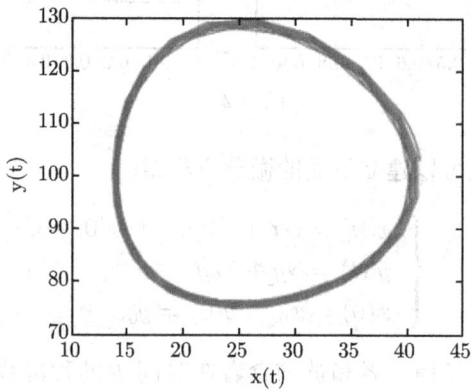

图 9-3

附录 模拟考卷

考 卷 1[①]

1. 已知函数 $f(x) = \sin\dfrac{\pi x}{2}$, 给出该函数在节点 0, 0.5, 1, 1.5, 2 上的最小二乘拟合二次多项式函数.

2. 给出下列公式中的参数 α, 使其代数精度达到最高, 并指明代数精度, 用它计算积分 $\displaystyle\int_1^{10}\log_{10}x\mathrm{d}x$:

$$\int_a^b f(x)\mathrm{d}x = \frac{b-a}{2}\left(f(a)+f(b)\right) + \alpha\left(f'(a)-f'(b)\right).$$

3. 写出下面线性代数方程组的雅可比迭代格式, 并说明它是否收敛:

$$\begin{pmatrix} 2 & 1 & 0 \\ 1 & 3 & 2 \\ -1 & 2 & 3 \end{pmatrix}\begin{pmatrix} x_1 \\ x_2 \\ x_3 \end{pmatrix} = \begin{pmatrix} 1 \\ 2 \\ -3 \end{pmatrix}.$$

4. 用欧拉公式求解下面的常微分方程初值问题, 取步长 $h = 0.2$:

$$\begin{cases} \dfrac{\mathrm{d}y}{\mathrm{d}x} = x + y - 1, \\ y(0) = 1,\ 0 \leqslant x \leqslant 1. \end{cases}$$

5. 利用乔列斯基分解计算下面方程组的解:

$$\begin{pmatrix} 1 & 2 & -1 \\ 2 & 5 & -1 \\ -1 & -1 & 100 \end{pmatrix}\begin{pmatrix} x_1 \\ x_2 \\ x_3 \end{pmatrix} = \begin{pmatrix} 2 \\ 6 \\ 98 \end{pmatrix}.$$

6. 用牛顿插值计算满足下面条件的三次多项式:

$$p(1) = 5/6,\ p(2) = 17/3,\ p(3) = 31/2,\ p(4) = 97/3.$$

下面题目为编程题, 请勿手算, 请只用 MATLAB 语言.

7. 已知切比雪夫函数 $T_k(x)$ 定义如下:

$$\begin{cases} T_0(x) = 1,\ T_1(x) = x, \\ T_{n+1}(x) = 2xT_n(x) - T_{n-1}(x). \end{cases}$$

编程画出 $T_0(x)$ 到 $T_5(x)$ 在区间 $[-1, 1]$ 上的图像.

---

① 此考卷为 2009 年 1 月工科研究生数值分析试卷 A 卷.

8. 已知两个 MATLAB 函数文件定义如下.

   文件 1:

   ```
   function v = f(x)
       v = x - cos(x);
   ```

   文件 2:

   ```
   function z = g(x)
       z = x*log(x)-1;
   ```

   请编写一个二分法求解的程序, 给定初始区间, 给出求解这两个函数解的恰当的调用方式.

考　卷　2[①]

1. 利用乔列斯基分解计算方程组 $\boldsymbol{Ax} = \boldsymbol{b}$ 的解:

$$\begin{pmatrix} 1 & 2 & 0 & 0 \\ 2 & 5 & 2 & 0 \\ 0 & 2 & 5 & 2 \\ 0 & 0 & 2 & 5 \end{pmatrix} \begin{pmatrix} x_1 \\ x_2 \\ x_3 \\ x_4 \end{pmatrix} = \begin{pmatrix} 1 \\ 1 \\ -1 \\ 3 \end{pmatrix}.$$

2. 用牛顿法计算方程 $x = \cos x$ 的近似解, 使其至少具有 5 个有效数字.

3. 已知函数 $y = \log_2 x$ 有下面的函数值表, 给出其四阶牛顿插值多项式, 并计算 $\log_2 3$ 的近似值.

x_i	1/4	1/2	1	2	4
y_i	−2	−1	0	1	2

4. 确定下面求积公式中的系数, 使其代数精度达到最高, 指明代数精度并计算积分 $\int_1^e \ln x \mathrm{d}x$ 的近似值:

$$\int_0^1 f(x)\mathrm{d}x = \frac{1}{2}\left(f(0) + f(1)\right) - a\left(f'(0) - f'(1)\right).$$

5. 写出用雅可比迭代法和 GS 迭代法求解下面线性方程组的迭代格式, 说明迭代收敛性及其理由:

$$\begin{pmatrix} 2 & 1 & 1 \\ 1 & 2 & 1 \\ 1 & 1 & 2 \end{pmatrix} \begin{pmatrix} x_1 \\ x_2 \\ x_3 \end{pmatrix} = \begin{pmatrix} 1 \\ 2 \\ 1 \end{pmatrix}.$$

下面题目为编程题, 请勿手算, 请只用 MATLAB 语言.

---

① 此考卷为 2009 年 1 月本科生数值分析试卷 A 卷.

6. 已知求解微分方程 $y' = f(x, y)$ 初值问题的二阶两段龙格 – 库塔公式如下 (其中 h 为步长):

$$\begin{cases} y_{n+1} = y_n + \dfrac{1}{2}k_1 + \dfrac{1}{2}k_2, \\ k_1 = hf(x_n, y_n), \\ k_2 = hf\left(x_n + \dfrac{h}{2}, y_n + \dfrac{k_1}{2}\right). \end{cases}$$

请用该方法以 MATLAB 编程计算下面微分方程的近似解:

$$\begin{cases} y'(x) = \sin y + 3y^2, \\ y(0) = 2, \quad 0 \leqslant x \leqslant 3. \end{cases}$$

7. 给出 MATLAB 程序求解下面的拟合问题:

拟合形如 $f(x) \approx \dfrac{a + bx}{1 + cx}$ 的函数的一种方法是将最小二乘法用于问题 $f(x)(1 + cx) = a + bx$. 使用这个方法拟合下面的中国人口数据, 并给出 2010 年中国人口数据的预测.

人口统计年份 (年)	1953	1964	1982	1990	2000
人口总数 (亿)	5.82	6.95	10.08	11.34	12.66

考　卷　3[①]

1. 设 $\boldsymbol{A} = \begin{pmatrix} 4 & -3 & 3 \\ 3 & 2 & -6 \\ 1 & -5 & 3 \end{pmatrix}$, $\boldsymbol{b} = \begin{pmatrix} 4 \\ 7 \\ 3 \end{pmatrix}$, 将 $\boldsymbol{A}$ 进行 $\boldsymbol{LU}$ 分解, 其中 $\boldsymbol{L}$ 为单位下三角形矩阵, $\boldsymbol{U}$ 为上三角形矩阵, 并由此求解方程 $\boldsymbol{Ax} = \boldsymbol{b}$.

2. 已知线性代数方程组

$$\begin{cases} 3x_1 - 10x_2 = -7, \\ 9x_1 - 4x_2 = 5. \end{cases}$$

(1) 用雅可比迭代法和 GS 迭代法求解此方程组是否收敛, 说明理由.

(2) 设法导出使雅可比迭代法和 GS 迭代法收敛的迭代格式, 要求分别写出迭代格式, 并说明收敛理由.

3. 确定系数 a, b, c, d, 使得函数

$$s(x) = \begin{cases} 3(x-1) + 2(x-1)^2 - (x-1)^3, & 1 \leqslant x \leqslant 2, \\ a + b(x-2) + c(x-2)^2 + d(x-2)^3, & 2 < x \leqslant 3 \end{cases}$$

是一个三次样条函数, 同时具有性质 $s'(1) = s'(3)$.

4. 求下列数据表的三次最小二乘逼近多项式.

x	−1	0	1	2	3
$f(x)$	−3	−1	3	39	161

① 此考卷为 2007 年 1 月工科研究生数值分析试卷 A 卷.

5. 确定下列求积公式中的系数 A, B, 使其代数精度最高, 指明代数精度, 并完成下列两个问题.

$$\int_{-1}^{1} f(x)\mathrm{d}x \approx Af\left(-\frac{\sqrt{3}}{3}\right) + Bf\left(\frac{\sqrt{3}}{3}\right)$$

(1) 用上述公式近似计算积分 $\int_{1}^{1.5} \mathrm{e}^{-x^2}\mathrm{d}x$.

(2) 将区间 $[1, 1.5]$ 分成两个区间, 用它的复合求积公式近似计算积分 $\int_{1}^{1.5} \mathrm{e}^{-x^2}\mathrm{d}x$.

6. 计算下列表达式中的系数 A, B, C,

$$f''(x) = Af(x_0) + Bf(x_1) + Cf(x_2),$$

使得它对下列的 3 个多项式能精确成立: 1, $x - x_1$, $(x - x_1)^2$, 其中 $x_0 \leqslant x_1 \leqslant x_2$, $x_1 - x_0 = h$, $x_2 - x_1 = \alpha h$.

下面题目为编程题, 请勿手算, 请只用 MATLAB 语言.

7. 以下面的函数头完成牛顿法求方程的解的程序:

`function [x,it]=newton(f,g,x0,tol).`

其中, `f` 为非线性方程对应的函数, `g` 为它的导数, `x0` 为迭代初始值, `tol` 为控制精度, `x` 是迭代完成时的近似解, `it` 为迭代所需的步数. 编写一段程序来求解 $f(x) = x^3 + 2x^2 + 10x - 20$ 在区间 $[1,2]$ 内的一个解, 要求初始值取 $x_0 = 1$, 迭代精度控制为 $|x_k - x_{k-1}| \leqslant 10^{-8}$.

8. 以下面的函数头完成反幂法求矩阵的按模最小特征值的程序:

`function [x,lam,it] = anpow(A,x0,tol).`

其中, A 为输入的矩阵, `x0` 为迭代初始的特征向量, `tol` 为控制精度, `x` 和 `lam` 是迭代完成时的近似特征向量和特征值, `it` 为迭代所需的步数. 编写一段程序调用程序来求解下列矩阵的按模最小特征值和特征向量, 迭代精度控制为 $\|x_k - x_{k-1}\|_2 \leqslant 10^{-6}$:

$$\boldsymbol{A} = \begin{pmatrix} 4 & -1 & 1 \\ -1 & 3 & -2 \\ 1 & -2 & 3 \end{pmatrix}.$$

模拟考卷答案

§考卷 1 答案

1. $y = \left(-\frac{4}{7} - \frac{2}{7}\sqrt{2}\right)x^2 + \left(\frac{8}{7} + \frac{4}{7}\sqrt{2}\right)x - \frac{3}{35} + \frac{2}{35}\sqrt{2} = -0.975\,4x^2 + 1.950\,9x - 0.004\,9.$

2. $\alpha = \frac{1}{12}(b-a)^2$, 代数精度为 3, 积分值为 $\frac{9}{2} + \frac{243}{40\ln 10} = 7.138$.

3. 雅可比迭代格式为

$$\begin{cases} x_1^{(k+1)} = 1/2(1 - x_2^{(k)}), \\ x_2^{(k+1)} = 1/3(2 - x_1^{(k)} - 2x_3^{(k)}), \\ x_3^{(k+1)} = 1/3(-3 + x_1^{(k)} - 2x_2^{(k)}). \end{cases}$$

因为系数矩阵是不可约弱对角占优的, 因此, 雅可比迭代收敛.

4. 迭代格式为 $y_{n+1} = 1.2y_n + 0.04n - 0.2$, 近似解 $\boldsymbol{y} = (1.0, 1.0, 1.04, 1.128, 1.273\ 6, 1.488\ 32)^{\mathrm{T}}$.

5. 乔列斯基分解中, $\boldsymbol{L} = \begin{pmatrix} 1 & & \\ 2 & 1 & \\ -1 & 1 & \sqrt{98} \end{pmatrix}$, $\boldsymbol{y} = (2, 2, \sqrt{98})^{\mathrm{T}}$, $\boldsymbol{x} = (1, 1, 1)^{\mathrm{T}}$.

6. $N(x) = \dfrac{1}{3}x^3 + \dfrac{1}{2}x^2 + x - 1$.

7.
```
function test1
    xx = linspace(-1,1);
    hold on;
    for k = 0:5,
        plot(xx,T(xx,k));
    end

function y = T(x,n)
    s1 = ones(size(x));
    s2 = x;
    if n==0,
        y = s1;
    elseif n==1,
        y = s2;
    else
        for k = 2:n,
            y = 2*x.*s2 - s1;
            s1 = s2;
            s2 = y;
        end
    end
```

8.
```
function test2
    x = bisect('f',0.5,1.0)        % include 0.739 1
    x = bisect('g',1.5,2.0)        % include 1.763 2, and lower bound>0

function x = bisect(f,a,b,tol)
    if nargin<4, tol = 1e-12; end
    fa = feval(f,a);
    fb = feval(f,b);
    while abs(a-b)>tol,
        x = (a+b)/2;
```

```
        fx = feval(f,x);
        if sign(fx)==sign(fa),
            a  = x;
            fa = fx;
        elseif sign(fx)==sign(fb),
            b  = x;
            fb = fx;
        else
            return;
        end
    end

function v = f(x)
    v = x - cos(x);

function z = g(x)
    z = x * log(x) - 1;
```

§考卷 2 答案

1. 乔列斯基分解中, $\boldsymbol{L} = \begin{pmatrix} 1 & & & \\ 2 & 1 & & \\ & 2 & 1 & \\ & & 2 & 1 \end{pmatrix}$, $\boldsymbol{y} = (1, -1, 1, 1)^{\mathrm{T}}$, $\boldsymbol{x} = (-1, 1, -1, 1)^{\mathrm{T}}$.

2. 牛顿法迭代公式为 $x_{k+1} = x_k - \dfrac{x_k - \cos x_k}{1 + \sin x_k}$, 取初值 $x_0 = 1$, 近似解 $x_4 = 0.739\,085$.

3. $N_4(x) = -\dfrac{4}{15}x^4 + \dfrac{15}{7}x^3 - \dfrac{35}{6}x^2 + \dfrac{15}{2}x - \dfrac{124}{35}, 19/7$.

4. $a = -\dfrac{1}{12}$, 代数精度为 3, 积分值为 $1.014\,668\,5$.

5. 雅可比迭代格式为

$$\begin{cases} x_1^{(k+1)} = \dfrac{1}{2}(1 - x_2^{(k)} - x_3^{(k)}), \\ x_2^{(k+1)} = \dfrac{1}{2}(2 - x_1^{(k)} - x_3^{(k)}), \\ x_3^{(k+1)} = \dfrac{1}{2}(1 - x_1^{(k)} - x_2^{(k)}). \end{cases}$$

GS 迭代格式为

$$\begin{cases} x_1^{(k+1)} = \dfrac{1}{2}(1 - x_2^{(k)} - x_3^{(k)}), \\ x_2^{(k+1)} = \dfrac{1}{2}(2 - x_1^{(k+1)} - x_3^{(k)}), \\ x_3^{(k+1)} = \dfrac{1}{2}(1 - x_1^{(k+1)} - x_2^{(k+1)}). \end{cases}$$

因为系数矩阵 $\boldsymbol{A}$ 是正定的, 所以 GS 迭代格式收敛; 又因为 $2\boldsymbol{D} - \boldsymbol{A}$ 不正定, 所以雅可比迭代格式不收敛.

6. 建立函数:

```
function dydx = dfun(x,y)
    dydx = sin(y) + 3*y^2;
```

程序如下:

```
function [t,y] = rk2(dfun,a,b,y0,h)
    t = a:h:b;
    n = length(t);
    y(1) = y0;
    for k = 2:n,
        k1 = h * feval(dfun,x(k-1),y(k-1));
        k2 = h * feval(dfun,x(k-1)+h/2,y(k-1)+k1/2);
        y(k) = y(k-1) + 1/2 * (k1+k2);
    end
```

调用如下:

```
h = 0.1;
[t,y] = rk2(@dfun,0,3,2,h)
```

7.
```
function p=ex7
    x = [1953 1964 1982 1990 2000]';
    y = [5.82 6.95 10.08 11.34 12.66]';
    A = [ones(5,1) x -x.*y];
    z = A\y;
    a = z(1);
    b = z(2);
    c = z(3);
    x1= 2010;
    p = (a+b*x1)/(1+c*x1)
```

§考卷 3 答案

1. $\boldsymbol{LU}$ 分解因子为 $\boldsymbol{L} = \begin{pmatrix} 1 & & \\ 0.75 & 1 & \\ 0.25 & -1 & 1 \end{pmatrix}$, $\boldsymbol{U} = \begin{pmatrix} 4 & -3 & 3 \\ & 4.25 & -8.25 \\ & & -6 \end{pmatrix}$, $\boldsymbol{y} = (4,4,6)^{\mathrm{T}}$,

$\boldsymbol{x} = (1,-1,-1)^{\mathrm{T}}$.

2. $\boldsymbol{B}_{\mathrm{J}} = \begin{pmatrix} 0 & 10/3 \\ 9/4 & 0 \end{pmatrix}$, $\rho(\boldsymbol{B}_{\mathrm{J}}) = \sqrt{15/2} > 1$. $\boldsymbol{B}_{\mathrm{G}} = \begin{pmatrix} 0 & 10/3 \\ 0 & 15/2 \end{pmatrix}$, $\rho(\boldsymbol{B}_{\mathrm{G}}) = 15/2 >$

1. 因此两个方法皆不收敛. 调换两个方程的次序, 可知系数矩阵是严格对角占优的,

因此两个方法皆收敛. 雅可比迭代格式为

$$
\begin{cases}
x_1^{(k+1)} = \dfrac{1}{9}(5 + 4x_2^{(k)}), \\
x_2^{(k+1)} = -\dfrac{1}{10}(-7 - 3x_1^{(k)}),
\end{cases}
$$

GS 迭代格式为

$$
\begin{cases}
x_1^{(k+1)} = \dfrac{1}{9}(5 + 4x_2^{(k)}), \\
x_2^{(k+1)} = -\dfrac{1}{10}(-7 - 3x_1^{(k+1)}).
\end{cases}
$$

3. $a = b = 4, c = -1, d = 1/3$.

4. $y = 7x^3 - 1.5714x^2 - 4.8571x + 0.3714$.

5. $A = B = 1$, 代数精度为 3 次. 积分值分别为 0.109 400 3 和 0.109 366 465 7.

6. $A = \dfrac{2}{(1+\alpha)h^2}, B = -\dfrac{2}{\alpha h^2}, C = \dfrac{2}{\alpha(1+\alpha)h^2}$.

7. 程序为

```
function [x,it] = newton(f,g,x0,tol)
   it = 0;
   done = 0;
   while ~done,
      x = x0 - feval(g,x0) \ feval(f,x0);
      it = it + 1;
      done = (norm(x-x0)<=tol);
      if ~done, x0 = x; end
   end
```

为了实现求解, 需建立如下两个函数:

```
function v = f(x)
   v = polyval([1 2 10 -20],x);
function v = g(x)
   p = polyder([1 2 10 -20]);
   v = polyval(p,x);
```

调用如下:

```
>> [x,it] = newton('f','g',2,1e-8)
```

8. 程序为

```
function [x,lam,it] = anpow(A,x0,tol)
   [L,U] = lu(A);
   it = 0;
```

```
done = 0;
while ~done,
    x = U\(L\x0);
    it = it + 1;
    [tmp,ind] = max(abs(x));
    lam = x(ind);
    done = (norm(x-x0)<=tol);
    if ~done, x0 = x/lam; end
end
```

调用如下:

```
>> [x,lam,it] = anpow([4 -1 1;-1 3 -2; 1 -2 3], [1 1 1]', 1e-6)
```

参 考 文 献

[1] 封建湖, 车刚明. 计算方法典型题分析解集 [M]. 2 版. 西安: 西北工业大学出版社, 2001.

[2] 封建湖, 车刚明, 聂玉峰. 数值分析原理 [M]. 北京: 科学出版社, 2001.

[3] 高培旺, 雷勇军. 计算方法典型例题与解法 [M]. 长沙: 国防科技大学出版社, 2003.

[4] 李庆扬. 数值分析复习与考试指导 [M]. 北京: 高等教育出版社, 2000.

[5] 林成森. 数值分析 [M]. 北京: 科学出版社, 2006.

[6] 刘玲, 崔隽. 数值计算方法学习指导 [M]. 北京: 科学出版社, 2006.

[7] John H. Mathews, Kurtis D. Fink. 数值方法 (MATLAB 版)[M]. 周璐, 陈渝, 钱方, 等译. 2 版. 北京: 电子工业出版社, 2017.

[8] 马东升, 熊春光. 数值计算方法习题及习题解答 [M]. 北京: 机械工业出版社, 2006.

[9] 沈剑华. 数值计算基础 [M]. 上海: 同济大学出版社, 1999.

[10] 同济大学应用数学系. 工程数学上册 (数值分析与矩阵论)[M]. 上海: 同济大学出版社, 2002.

[11] 张平文, 李铁军. 数值分析 [M]. 北京: 北京大学出版社, 2007.